从阿基米德三角形谈起

苏化明 著

HITP

HARBIN INSTITUTE OF TECHNOLOGY PRESS

哈尔滨工业大学出版社

内 容 简 介

　　阿基米德定理是一个古老且著名的数学问题. 本书将这个涉及抛物线弓形与阿基米德三角形之间的面积关系问题类比到双曲线、椭圆、幂函数等曲线,得到了相应的关于这些曲线的几何不等式. 本书还将抛物线中的阿基米德三角形三边之间的斜率关系类比到某些初等函数曲线,也得到了相应的不等式.

　　本书可供大中师生及数学爱好者参考阅读.

图书在版编目(CIP)数据

　　从阿基米德三角形谈起 / 苏化明著. —哈尔滨:哈尔滨工业大学出版社, 2023.1
　　ISBN 978 - 7 - 5767 - 0562 - 1

　　Ⅰ.①从… Ⅱ.①苏… Ⅲ.①古典数学－古希腊 Ⅳ.①O115.45

　　中国国家版本馆 CIP 数据核字(2023)第 024412 号

CONG AJIMIDE SANJIAOXING TANQI

策划编辑　刘培杰　张永芹
责任编辑　张永芹　穆方圆
封面设计　孙茵艾
出版发行　哈尔滨工业大学出版社
社　　址　哈尔滨市南岗区复华四道街 10 号　邮编 150006
传　　真　0451 - 86414749
网　　址　http://hitpress.hit.edu.cn
印　　刷　哈尔滨博奇印刷有限公司
开　　本　787 mm×960 mm　1/16　印张 7.25　字数 63 千字
版　　次　2023 年 1 月第 1 版　2023 年 1 月第 1 次印刷
书　　号　ISBN 978 - 7 - 5767 - 0562 - 1
定　　价　28.00 元

前　言

　　过抛物线弦的两个端点分别作抛物线的切线,此弦与两条切线构成的三角形称为阿基米德三角形.两千多年前,伟大的科学家阿基米德(Archimedes,公元前287年—公元前212年)建立了抛物线弓形与阿基米德三角形之间的面积关系,即阿基米德定理.作者受此定理的启发,将抛物线类比到双曲线、椭圆、幂函数等曲线,得到了某些相应的关于这些曲线的几何不等式.另外,作者还将抛物线中的阿基米德三角形三边的斜率关系类比到某些初等函数曲线,同样建立了若干不等式.本书内容,就作者而言,基本上未在有关杂志或书籍中见到,因而作者现将这些有关初等曲线几何不等式的研究结果编写成书,供数学爱好者参考阅读.如果读者能通过对本书的阅读得到某些启迪,提出并解决一些新的问题,作者将感到莫大的欣慰,这也是作者写作本书的初衷.

　　本书的出版得到了哈尔滨工业大学出版社,特别是张永芹女士的支持和帮助,作者在此表示衷心的感谢.本书虽然涉及曲线几何不等式这个比较新颖的专题,但从系统性和完整性上说还是不够完善,同时书中或许还有不妥甚至疏漏之处,恳请读者给予指正或提出有益的建议.

苏化明

2022 年 10 月

目　录

阿基米德三角形的两个性质与抛物线弓形面积

阿基米德,古希腊数学家、力学家,生于西西里岛的叙拉古地区(可参阅文献[1]).阿基米德是人类历史上最伟大的科学家之一.美国数学史家 E. T. 贝尔(Bell)在《数学大师》一书中写道:任何一张列出有史以来三位最伟大的数学家的名单上,必定写有阿基米德的名字,另两位通常是牛顿(Newton)和高斯(Gauss).不过以他们的宏伟业绩和所处的时代背景来比较,或拿他们影响当代和后来的深邃和久远来比较还当首推阿基米德.

阿基米德的成果一直被推崇为创造性和精确性的典范.阿基米德的著述极为丰富,但多以类似论文手稿而非大部头巨著的形式出现.这些著述内容涉及数学、力学及天文学等.阿基米德的主要数学著作有:《圆的度量》,主要研究圆周和圆面积的计算问题;《论球和圆柱》,主要研究球的表面积和体积的计算问题,他使用了无穷小量,其中很多命题的证明,已经接近了微积分的思想方法,但过程中没有求助于极限的概念;《砂粒计算》,主要研究记数法;《论螺线》是阿基米德所有数学贡献中最光彩夺目的部分,后世的数学家从他作螺线的切线和计算螺线面积的方法中感受到了微积分的思维方式,其实它已经是微积分的先声.

计算抛物线弓形面积是阿基米德最著名的成就之一. 他在《抛物线求积法》一书中研究了曲线图形求积问题,巧妙地用穷竭法求得抛物线与一直线相交围成的面积是同底等高三角形面积的 $\frac{4}{3}$,而求解过程就涉及阿基米德三角形的性质.

我们首先介绍阿基米德三角形及其性质.

如图 1,设 AB 为抛物线的弦,分别过 A,B 作抛物线的切线相交于 P,则 $\triangle APB$ 称为阿基米德三角形,AB 称为阿基米德三角形的底边.

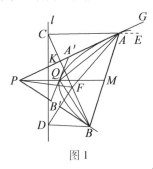

图 1

定理 1.1(阿基米德定理) 抛物线把阿基米德三

角形分成比值为 2:1 的两部分,或被抛物线所包含的面积是相应的阿基米德三角形面积的三分之二.

为了证明阿基米德三角形的这个性质,需要利用如下引理.

引理 1.1　阿基米德三角形底边上的中线平行于轴,与底边平行的中位线是一条切线,而这条切线与底边上的中线的交点是抛物线上的点.

引理 1.1 的证明如下.

设抛物线的焦点为 F,准线为 l,$\triangle APB$ 为阿基米德三角形. 过 A 作 l 的垂线交 l 于 C,联结 CF,交 PA 于 K,则由抛物线的定义知 $AF = AC$. 再由抛物线的性质知 $\angle EAG = \angle FAK$,而 $\angle CAK = \angle EAG$,故 $\angle CAK = \angle FAK$,所以 PA 垂直平分 CF.

类似地,过 B 作垂直于 l 的直线,交 l 于 D,则 PB 垂直平分 DF,于是 P 为 $\triangle CDF$ 的外接圆圆心,所以过 P 垂直于 CD 即过 P 平行于抛物线的轴的直线必为 CD 的垂直平分线,它过 CD 的中点,而且作为梯形 $ABDC$ 的中位线必过 AB 的中点 M,即有:阿基米德三角形底边上的中线平行于抛物线的轴.

又设过底边上的中位线 PM 与抛物线的交点 Q 所作抛物线的切线交 PA 于 A',交 PB 于 B',则 $\triangle AA'Q$ 和 $\triangle BB'Q$ 也是阿基米德三角形,由前已证结果,这两个阿基米德三角形底边上的中线也都平行于轴,从而都平行于 PQ,因此对应中线是 $\triangle PAQ$ 和 $\triangle PBQ$ 的中位线,从而 A',B' 分别为 PA 和 PB 的中点,所以 $A'B'$ 是 $\triangle PAB$ 的中位线,从而 $A'B'$ 与 AB 平行,而且 $A'B'$ 上的点 Q 也必是 PM 的中点.

定理 1.1 的证明如下.

切线 $A'B'$ 及弦 QA 和 QB 将 $\triangle PAB$ 分成四部分:

第一个部分是包含在抛物线内的"内三角形"AQB;

第二个部分是位于抛物线外的"外三角形"$A'PB'$;

第三个部分和第四个部分分别是两个"剩余三角形"$AA'Q$ 和 $BB'Q$,它们也是阿基米德三角形,并且被抛物线穿过.

因为点 Q 为 PM 的中点,所以内三角形面积是外三角形面积的两倍. 按同样的方式,在两个剩余三角形中,每个三角形均依次产生一个内三角形、一个外三角形和两个新的被抛物线所穿过的剩余阿基米德三角形,并且每个内三角形的面积同样又是相应的外三角形面积的两倍,而且这一过程可以无止境地继续下去.

若设 $\triangle APB$ 的面积为 S,则内 $\triangle AQB$ 的面积为 $\frac{1}{2}S$,相应的外 $\triangle A'PB'$ 的面积为 $\frac{1}{4}S$,而两个剩余 $\triangle AA'Q$ 与 $\triangle BB'Q$ 的面积均为 $\frac{1}{8}S$,因此逐次得到的阿基米德三角形面积为 $S,\frac{1}{8}S,\frac{1}{8^2}S,\cdots$,相应的内三角形面积为这样的面积的一半. 因为每个内三角形产生两个新的内三角形,所以得到所述的这些逐次内三角形面积之和为

$$\frac{1}{2}\left(S + 2 \cdot \frac{1}{8}S + 4 \cdot \frac{1}{8^2}S + 8 \cdot \frac{1}{8^3}S + \cdots\right)$$

括号内是公比为 $\frac{1}{4}$ 的等比级数,其和为 $\dfrac{S}{1-\dfrac{1}{4}} = \dfrac{4}{3}S$,

故被抛物线包含的面积的值为 $S_弓 = \dfrac{2}{3}S$.

以上介绍的内容来源于文献[2].

由引理 1.1 知,与 $\triangle PAB$ 底边平行的中位线与抛物线相切于 Q,若 $\triangle QAB$ 底边 AB 上的高称为抛物线底边 AB 上的高,则由定理 1.1 可得:

推论 1.1　抛物线所包含的部分面积等于它的底边与高之积的三分之二.

由于阿基米德距离我们已有两千多年,阿基米德时代的科学技术和当今科学技术水平已无法相比,因而当我们受阿基米德思想的启发对与抛物线弓形有关的问题做进一步探讨时,我们将尽可能使用相对高级的数学工具去证明所得结论,以使问题的讨论过程相对简捷.

下面我们来计算抛物线弓形的面积.

如图 2,设抛物线方程为 $y^2 = 2px\ (p > 0)$,$P_1(x_1, y_1)$,$P_2(x_2, y_2)$(其中 $y_1 > y_2$)为抛物线上的两点,则抛物线过点 P_1,P_2 的切线方程分别为 $y_1 y = p(x + x_1)$ 与 $y_2 y = p(x + x_2)$,解此方程组得两切线交点 $P_0(x_0, y_0)$ 的坐标为 $\left(\dfrac{1}{2p} y_1 y_2, \dfrac{1}{2}(y_1 + y_2) \right)$,故阿基米德 $\triangle P_1 P_0 P_2$ 的面积为

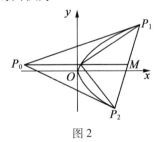

图 2

$$S = \frac{1}{2} \begin{vmatrix} x_1 & y_1 & 1 \\ x_0 & y_0 & 1 \\ x_2 & y_2 & 1 \end{vmatrix} = \frac{1}{2} \begin{vmatrix} \frac{1}{2p}y_1^2 & y_1 & 1 \\ \frac{1}{2p}y_1 y_2 & \frac{1}{2}(y_1 + y_2) & 1 \\ \frac{1}{2p}y_2^2 & y_2 & 1 \end{vmatrix}$$

$$= \frac{1}{8p}(y_1 - y_2)^3 \tag{1}$$

故由定理 1.1 知抛物线弓形的面积

$$S_{弓} = \frac{2}{3}S = \frac{1}{12p}(y_1 - y_2)^3 \tag{2}$$

式（2）也可以用下面的方法得到.

如图 3，过 P_1，P_2 分别作 x 轴的垂线，垂足设为 P_1'，P_2'，$P_1 P_2$ 与 x 轴交于 P_0，P_0 的坐标设为 $(x_0, 0)$，则有

$$S_{弓} = 曲边 \triangle P_1 O P_1' 的面积 + 曲边 \triangle P_2 O P_2' 的面积 -$$
$$\text{Rt} \triangle P_1 P_0 P_1' 的面积 + \text{Rt} \triangle P_2 P_0 P_2' 的面积$$

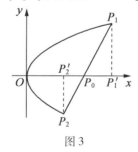

图 3

由推论 1.1 知：

曲边 $\triangle P_1 O P_1'$ 的面积 $= \frac{2}{3} x_1 y_1$；

曲边 $\triangle P_2 O P_2'$ 的面积 $= \frac{2}{3} x_2 |y_2|$；

6

$Rt \triangle P_1 P_0 P_1'$ 的面积 $= \dfrac{1}{2}(x_1 - x_0)y_1$；

$Rt \triangle P_2 P_0 P_2'$ 的面积 $= \dfrac{1}{2}(x_0 - x_2)|y_2|$.

故

$$S_{弓} = \frac{2}{3}x_1 y_1 + \frac{2}{3}x_2 |y_2| - \frac{1}{2}(x_1 - x_0)y_1 + \frac{1}{2}(x_0 - x_2)|y_2|$$

$$= \frac{1}{12p}(y_1^3 - y_2^3) + \frac{1}{2}x_0(y_1 - y_2)$$

由 $P_1 P_2$ 的方程 $y - y_2 = \dfrac{y_1 - y_2}{x_1 - x_2}(x - x_2) = \dfrac{2p}{y_1 + y_2}(x - x_2)$ 可得 $x_0 = -\dfrac{y_1 y_2}{2p}$，从而得到式（2）

$$S_{弓} = \frac{1}{12p}(y_1^3 - y_2^3) - \frac{1}{4p}y_1 y_2(y_1 - y_2) = \frac{1}{12p}(y_1 - y_2)^3$$

式（2）还可以用积分方法得到.

由于 $P_1 P_2$ 的方程可表示为 $x = \dfrac{1}{2p}y_2^2 + \dfrac{1}{2p}(y_1 + y_2) \cdot (y - y_2)$，故

$$S_{弓} = \int_{y_2}^{y_1} \left[\frac{1}{2p}y_2^2 + \frac{1}{2p}(y_1 + y_2)(y - y_2) - \frac{1}{2p}y^2 \right] dy$$

$$= \frac{1}{12p}(y_1 - y_2)^3$$

式（2）还有其他方法来证明,例如文献［3］介绍的方法.

我们下面再给出抛物线弓形内接三角形的一个性质.

定理 1.2　设 $P_1 P_2$ 为抛物线的弦,P 为抛物线上的一点,若 $S_{弓}$,$S_{\triangle}$ 分别表示抛物线弓形与 $\triangle P_1 P P_2$ 的

面积,则有

$$S_\triangle \leqslant \frac{3}{4} S_弓 \qquad (3)$$

其中等号当且仅当 P 与 P_1P_2 中点的连线平行于抛物线的轴时成立.

证明如下.

设抛物线方程为 $y^2 = 2px\,(p > 0)$. P_1, P_2, P 的坐标分别为 $P_1(x_1, y_1), P_2(x_2, y_2), P(x, y)$,其中 $y_1 > y_2$,则有

$$S_\triangle = \frac{1}{2} \begin{vmatrix} x_1 & y_1 & 1 \\ x & y & 1 \\ x_2 & y_2 & 1 \end{vmatrix} = \frac{1}{2} \begin{vmatrix} \dfrac{1}{2p}y_1^2 & y_1 & 1 \\ \dfrac{1}{2p}y^2 & y & 1 \\ \dfrac{1}{2p}y_2^2 & y_2 & 1 \end{vmatrix}$$

$$= \frac{1}{4p}(y_1 - y_2)(y_1 - y)(y - y_2)$$

因为 $(y_1 - y)(y - y_2) \leqslant \left[\dfrac{1}{2}(y_1 - y + y - y_2)\right]^2 = \dfrac{1}{4}(y_1 - y_2)^2$,所以 $S_\triangle \leqslant \dfrac{1}{16p}(y_1 - y_2)^3$.

由式(2)知式(3)

$$S_\triangle \leqslant \frac{3}{4} S_弓$$

且其中等号当且仅当 $y = \dfrac{1}{2}(y_1 + y_2)$,即 P 与 P_1P_2 中点的连线平行于抛物线的轴时成立.

式(3)表明:与抛物线弓形具有相同底边的抛物

线的内接三角形面积的最大值为抛物线弓形面积的 $\dfrac{3}{4}$.

对于抛物线 $y = ax^2 + bx + c\,(a \neq 0)$，由前面的论述可知，若 P_1,P_2 是 $y = ax^2 + bx + c$ 上的两点，过 P_1,P_2 作抛物线的切线交于 P_0，若阿基米德 $\triangle P_1 P_0 P_2$ 的面积为 S，弦 $P_1 P_2$ 与抛物线所围成的弓形面积为 $S_弓$，以 $P_1 P_2$ 为底边的抛物线的最大内接三角形面积为 S_0，则有

$$S_0 = \frac{3}{4} S_弓 = \frac{1}{2} S \qquad (4)$$

其中 $S_弓 = \dfrac{2}{3} S$ 即为阿基米德定理.

若 P_1,P_2 的坐标分别为 $P_1(x_1,y_1)$，$P_2(x_2,y_2)$ $(x_1 \neq x_2)$，则弦 $P_1 P_2$ 的斜率为

$$k = \frac{y_2 - y_1}{x_2 - x_1} = \frac{ax_2^2 + bx_2 + c - ax_1^2 - bx_1 - c}{x_2 - x_1} = a(x_1 + x_2) + b$$

而抛物线过 P_1,P_2 的切线的斜率分别为

$$k_1 = y' \big|_{x = x_1} = 2ax_1 + b,\ k_2 = y' \big|_{x = x_2} = 2ax_2 + b$$

因此有

$$k = \frac{1}{2}(k_1 + k_2) \qquad (5)$$

式(5)表明:抛物线中的阿基米德三角形底边的斜率等于另外两边斜率的平均值.

本书的主要内容就是通过类比的方法围绕阿基米德三角形的性质(即式(4)和(5))展开讨论.

关于双曲线与椭圆的两个结论

第 2 章

若将前述关于阿基米德三角形的性质类比到双曲线和椭圆,可得如下结论.

定理 2.1 设 AB 为双曲线(其中一支)的弦,分别过 A,B 作双曲线的切线相交于 P. 若 $S_弓$ 表示弦 AB 与双曲线所围成双曲线弓形的面积,$S_{\triangle APB}$ 表示 $\triangle APB$ 的面积,$\triangle ACB$ 是以 AB 为底边而顶点在曲线弧 $\overset{\frown}{AB}$ 上所有三角形中面积最大者,其值为 $S_{\triangle ACB}$,则有

$$S_{\triangle ACB} > \frac{3}{4} S_弓 > \frac{1}{2} S_{\triangle APB} \qquad (1)$$

定理 2.2 设 AB 为椭圆的弦,分别过 A,B 作椭圆的切线相交于 P. 若 $S_弓$ 表示弦 AB 与椭圆的劣弧[①]$\overset{\frown}{AB}$ 所围成椭圆弓形的面积,$\triangle ACB$ 是以 AB 为底边而顶点在曲线弧 $\overset{\frown}{AB}$ 上所有三角形中面积最大者,

---

① 椭圆的劣弧即弧长小于椭圆半周长的弧.

其值为 $S_{\triangle ACB}$,则有

$$S_{\triangle ACB} < \frac{3}{4} S_弓 < \frac{1}{2} S_{\triangle APB} \qquad (2)$$

定理 2.1 的证明如下.

首先考虑双曲线 $xy = 1 (x > 0, y > 0)$ 的情形.

如图 1 所示,设 A, B 两点的坐标分别为 $A\left(a, \dfrac{1}{a}\right)$,

$B\left(b, \dfrac{1}{b}\right)$,曲线弧 $\overset{\frown}{AB}$ 上动点 T 的坐标为 $T\left(x, \dfrac{1}{x}\right)$,其中

$0 < a \le x \le b$. 若仍用 S 表示面积,则

$$S_{\triangle ATB} = \frac{1}{2} \begin{vmatrix} a & \dfrac{1}{a} & 1 \\ x & \dfrac{1}{x} & 1 \\ b & \dfrac{1}{b} & 1 \end{vmatrix}$$

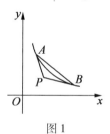

图 1

记

$$f(x) = \begin{vmatrix} a & \dfrac{1}{a} & 1 \\ x & \dfrac{1}{x} & 1 \\ b & \dfrac{1}{b} & 1 \end{vmatrix} \quad (0 < a \le x \le b)$$

11

则

$$f'(x) = \begin{vmatrix} a & \dfrac{1}{a} & 1 \\ 1 & -\dfrac{1}{x^2} & 0 \\ b & \dfrac{1}{b} & 1 \end{vmatrix} = (b-a)\left(\dfrac{1}{x^2} - \dfrac{1}{ab}\right)$$

令 $f'(x) = 0$,解得 $x = \sqrt{ab}$ 为 $f(x)$ 当 $0 < a \leqslant x \leqslant b$ 时的唯一驻点. 又 $f''(x) = -\dfrac{2}{x^3}(b-a) < 0$,故 $x = \sqrt{ab}$ 为 $f(x)$ 的唯一极大值点,也是最大值点,所以当点 T 的坐标为 $\left(\sqrt{ab}, \dfrac{1}{\sqrt{ab}}\right)$(此时点 P 为所求的点 C)时,有

$$S_{\triangle ACB} = \dfrac{1}{2} \begin{vmatrix} a & \dfrac{1}{a} & 1 \\ \sqrt{ab} & \dfrac{1}{\sqrt{ab}} & 1 \\ b & \dfrac{1}{b} & 1 \end{vmatrix} = \dfrac{b-a}{2ab}(\sqrt{b} - \sqrt{a})^2 \quad (3)$$

易知,曲线 $xy = 1$ 过点 $C\left(\sqrt{ab}, \dfrac{1}{\sqrt{ab}}\right)$ 的切线与弦 AB 平行,这具有直观的几何意义.

由于过 A,B 两点的直线方程为

$$\dfrac{y - \dfrac{1}{a}}{x - a} = \dfrac{\dfrac{1}{b} - \dfrac{1}{a}}{b - a}$$

或

$$y = -\frac{1}{ab}x + \frac{a+b}{ab}$$

从而

$$S_弓 = \int_a^b \left(-\frac{1}{ab}x + \frac{a+b}{ab} - \frac{1}{x} \right) dx$$

$$= \left(-\frac{1}{2ab}x^2 + \frac{a+b}{ab}x - \ln x \right) \Big|_a^b$$

即有

$$S_弓 = \frac{b^2 - a^2}{2ab} - \ln \frac{b}{a} \qquad (4)$$

由 $xy = 1$ 知 $y = \frac{1}{x}$，$y' = -\frac{1}{x^2}$，从而 $y = \frac{1}{x}$ 过 A，B

两点的切线方程分别为

$$y - \frac{1}{a} = -\frac{1}{a^2}(x - a)$$

$$y - \frac{1}{b} = -\frac{1}{b^2}(x - b)$$

解此联立方程组得两条切线交点 P 的坐标为

$\left(\dfrac{2ab}{a+b}, \dfrac{2}{a+b} \right)$，从而

$$S_{\triangle APB} = \frac{1}{2} \begin{vmatrix} a & \dfrac{1}{a} & 1 \\ \dfrac{2ab}{a+b} & \dfrac{2}{a+b} & 1 \\ b & \dfrac{1}{b} & 1 \end{vmatrix} = \frac{1}{2(a+b)} \begin{vmatrix} a & \dfrac{1}{a} & 1 \\ 2ab & 2 & a+b \\ b & \dfrac{1}{b} & 1 \end{vmatrix}$$

经简单计算后知

$$S_{\triangle APB} = \frac{(b-a)^3}{2ab(a+b)} \qquad (5)$$

13

由式（3）（4）知不等式 $S_{\triangle ACB} > \dfrac{3}{4}S_弓$，等价于

$$\frac{b-a}{2ab}(\sqrt{b}-\sqrt{a})^2 > \frac{3}{4}\left(\frac{b^2-a^2}{2ab}-\ln\frac{b}{a}\right)$$

或

$$\frac{\dfrac{b}{a}-1}{\dfrac{b}{a}}\left(\sqrt{\frac{b}{a}}-1\right)^2 - \frac{3}{4}\cdot\frac{\left(\dfrac{b}{a}\right)^2-1}{\dfrac{b}{a}} + \frac{3}{2}\ln\frac{b}{a} > 0$$

$$（6）$$

令 $\dfrac{b}{a}=x$，则 $x\geqslant 1$，不等式（6）即

$$\frac{x-1}{x}(\sqrt{x}-1)^2 - \frac{3}{4}\cdot\frac{x^2-1}{x} + \frac{3}{2}\ln x > 0 \qquad（7）$$

由于 $\dfrac{x-1}{x}(\sqrt{x}-1)^2 = \left(1-\dfrac{1}{x}\right)(x-2\sqrt{x}+1) = x-$

$\dfrac{1}{x}-2\sqrt{x}+\dfrac{2}{\sqrt{x}}$，$\dfrac{x^2-1}{x}=x-\dfrac{1}{x}$，故不等式（7）等价于

$$x-\frac{1}{x}-2\sqrt{x}+\frac{2}{\sqrt{x}}-\frac{3}{4}x+\frac{3}{4}\cdot\frac{1}{x}+\frac{3}{2}\ln x > 0$$

即

$$x-\frac{1}{x}-8\sqrt{x}+\frac{8}{\sqrt{x}}+6\ln x > 0 \qquad（8）$$

令 $g(x)=x-\dfrac{1}{x}-8\sqrt{x}+\dfrac{8}{\sqrt{x}}+6\ln x\,(x\geqslant 1)$，则

$$g'(x)=1+\frac{1}{x^2}-\frac{4}{\sqrt{x}}-\frac{4}{x\sqrt{x}}+\frac{6}{x}$$

$$=\frac{1}{x^2}(x^2+1-4x\sqrt{x}-4\sqrt{x}+6x)$$

14

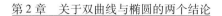

$$= \frac{1}{x^2} (\sqrt{x} - 1)^4$$

故当 $x > 1$ 时 $g'(x) > 0$，$g(x)$ 单调递增. 又 $g(1) = 0$，所以当 $x > 1$ 时，$g(x) > 0$，从而不等式(8)成立，因此有

$$S_{\triangle ACB} > \frac{3}{4} S_{弓} \qquad (9)$$

由式(4)(5)知不等式 $\frac{3}{4} S_{弓} > \frac{1}{2} S_{\triangle APB}$ 等价于

$$\frac{3}{4} \left(\frac{b^2 - a^2}{2ab} - \ln \frac{b}{a} \right) > \frac{1}{2} \cdot \frac{(b - a)^3}{2ab(a + b)}$$

或

$$\frac{b^2 - a^2}{2ab} - \frac{(b - a)^3}{3ab(a + b)} - \ln \frac{b}{a} > 0 \qquad (10)$$

令 $\frac{b}{a} = x$，则 $x \geqslant 1$，不等式(10)即

$$\frac{x^2 - 1}{2x} - \frac{(x - 1)^3}{3x(x + 1)} - \ln x > 0 \qquad (11)$$

由于

$$\frac{x^2 - 1}{2x} - \frac{(x - 1)^3}{3x(x + 1)} = \frac{x - 1}{6x(x + 1)} \left[3(x + 1)^2 - 2(x - 1)^2 \right]$$

$$= \frac{x - 1}{6x(x + 1)} (x^2 + 10x + 1)$$

$$= \frac{1}{6x(x + 1)} (x^3 + 9x^2 - 9x - 1)$$

故不等式(11)等价于

$$\frac{1}{6x(x + 1)} (x^3 + 9x^2 - 9x - 1) - \ln x > 0 \qquad (12)$$

令 $h(x) = \frac{1}{6x(x + 1)} (x^3 + 9x^2 - 9x - 1) - \ln x \, (x \geqslant$

1),则

$$h'(x) = \frac{1}{6x^2(x+1)^2}\big[(3x^2+18x-9)x(x+1) -$$

$$(2x+1)(x^3+9x^2-9x-1)\big] - \frac{1}{x}$$

$$= \frac{1}{6x^2(x+1)^2}(x^4-4x^3+6x^2-4x+1)$$

$$= \frac{(x-1)^4}{6x^2(x+1)^2}$$

故当 $x>1$ 时, $h'(x)>0$, $h(x)$ 单调递增. 又 $h(1)=0$, 所以当 $x>1$ 时, $h(x)>0$, 从而不等式(12)成立, 因此有

$$\frac{3}{4}S_弓 > \frac{1}{2}S_{\triangle APB} \tag{13}$$

由式(9)(13)知, 当双曲线为 $xy=1$ 时不等式(1)成立.

利用坐标轴的旋转变换: $x = \frac{1}{\sqrt{2}}(x'-y')$, $y = \frac{1}{\sqrt{2}}(x'+y')$ 可将方程 $xy=1$ 变换为 $\frac{x'^2}{2} - \frac{y'^2}{2} = 1$; 再作坐标压缩变换: $\frac{x'}{x''} = \frac{\sqrt{2}}{p}$, $\frac{y'}{y''} = \frac{\sqrt{2}}{q}$ ($p>0$, $q>0$), 则 $\frac{x'^2}{2} - \frac{y'^2}{2} = 1$ 变换为 $\frac{x''^2}{p^2} - \frac{y''^2}{q^2} = 1$. 注意到这两种变换均是可逆的, 而且这两种变换不会改变直线和曲线的相切关系, 也不会改变两个图形之间的面积关系, 故由前面的证明可知, 当双曲线方程为 $\frac{x^2}{p^2} - \frac{y^2}{q^2} = 1$ 时, 定理 2.1 成

立.

定理 2.2 的证明如下.

首先考虑椭圆为单位圆 $x^2 + y^2 = 1$ 的情形.

如图 2 所示,由圆的对称性,不妨设圆上的两点 A,B 关于 x 轴对称($\overparen{AB}$ 为劣弧). 由平面几何知识,$\overparen{AB}$ 上的动点 T 位于弧 $\overparen{AB}$ 的中点时,$\triangle ABT$ 的面积最大. 事实上,设 $\angle AOB = 2\theta =$ 定值,$\angle AOT = \theta_1$,$\angle BOT = \theta_2$,其中 $0 < 2\theta < \pi$,$\theta_1 + \theta_2 = 2\theta$,则有

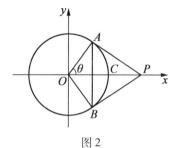

图 2

$$S_{\triangle ABT} = \frac{1}{2}\sin\theta_1 + \frac{1}{2}\sin\theta_2 - S_{\triangle AOB}$$

$$= \sin\theta\cos\frac{1}{2}(\theta_1 - \theta_2) - \sin\theta\cos\theta$$

由于 $S_{\triangle AOB}$ 为定值,故当且仅当 $\cos\frac{1}{2}(\theta_1 - \theta_2)$ 最大时,$S_{\triangle ABT}$ 最大,亦即 $\theta_1 = \theta_2$ 时,$S_{\triangle ABT}$ 最大,故当且仅当 T 为 $\overparen{AB}$ 的中点时 $S_{\triangle ABT}$ 最大,从而有

$$S_{\triangle ACB} = \sin\theta - \sin\theta\cos\theta = \sin\theta(1 - \cos\theta) \quad (14)$$

$$S_{弓} = \theta - \sin\theta\cos\theta \quad (15)$$

$$S_{\triangle APB} = \frac{1}{2} \cdot 2\sin\theta \cdot \frac{\sin^2\theta}{\cos\theta} = \frac{\sin^3\theta}{\cos\theta} \quad (16)$$

由式（14）（15）知不等式 $S_{\triangle ACB} < \dfrac{3}{4}S_弓$ 等价于

$$\sin\theta - \sin\theta\cos\theta < \dfrac{3}{4}\theta - \dfrac{3}{4}\sin\theta\cos\theta$$

亦即

$$\dfrac{3}{4}\theta + \dfrac{1}{4}\sin\theta\cos\theta - \sin\theta > 0 \qquad (17)$$

令 $u(\theta) = \dfrac{3}{4}\theta + \dfrac{1}{4}\sin\theta\cos\theta - \sin\theta\left(0 < \theta < \dfrac{\pi}{2}\right)$，

则

$$u'(\theta) = \dfrac{3}{4} + \dfrac{1}{4}\cos 2\theta - \cos\theta = \dfrac{1}{2}(1 - \cos\theta)^2$$

故当 $0 < \theta < \dfrac{\pi}{2}$ 时，$u'(\theta) > 0$，$u(\theta)$ 单调递增. 又

$\lim\limits_{\theta\to 0^+} u(\theta) = 0$，从而当 $0 < \theta < \dfrac{\pi}{2}$ 时 $u(\theta) > 0$，即不等式

（17）成立，因此

$$S_{\triangle ACB} < \dfrac{3}{4}S_弓 \qquad (18)$$

由式（15）（16）知不等式 $\dfrac{3}{4}S_弓 > \dfrac{1}{2}S_{\triangle APB}$ 等价于

$$\theta - \sin\theta\cos\theta - \dfrac{2}{3}\cdot\dfrac{\sin^3\theta}{\cos\theta} < 0 \qquad (19)$$

令 $V(\theta) = \theta - \sin\theta\cos\theta - \dfrac{2}{3}\cdot\dfrac{\sin^3\theta}{\cos\theta}\left(0 < \theta < \dfrac{\pi}{2}\right)$，

则

$$V'(\theta) = 1 - \cos 2\theta - \dfrac{2}{3}\cdot\dfrac{1}{\cos^2\theta}(3\sin^2\theta\cos^2\theta + \sin^4\theta)$$

$$= 2\sin^2\theta - \dfrac{2}{3}\cdot\dfrac{\sin^2\theta}{\cos^2\theta}(1 + 2\cos^2\theta)$$

18

$$= 2\sin^2\theta \Big[1 - \frac{1}{3\cos^2\theta}(1 + 2\cos^2\theta) \Big]$$

$$= -\frac{2}{3} \cdot \frac{\sin^4\theta}{\cos^2\theta}$$

故当 $0 < \theta < \dfrac{\pi}{2}$ 时 $V'(\theta) < 0$，$V(\theta)$ 单调递减. 又

$\lim\limits_{\theta \to 0^+} V(\theta) = 0$，从而当 $0 < \theta < \dfrac{\pi}{2}$ 时 $V(\theta) < 0$，即不等式

（19）成立，因此

$$\frac{3}{4}S_{弓} < \frac{1}{2}S_{\triangle APB} \qquad\qquad (20)$$

由式（18）（20）知，当椭圆为单位圆时不等式（2）

成立.

对于椭圆 $\dfrac{x^2}{m^2} + \dfrac{y^2}{n^2} = 1$（$m > 0, n > 0$），作坐标压缩

变换 $\dfrac{x}{x'} = m$，$\dfrac{y}{y'} = n$，则椭圆 $\dfrac{x^2}{m^2} + \dfrac{y^2}{n^2} = 1$ 变换为

$x'^2 + y'^2 = 1$. 由于坐标压缩变换是可逆的，它不会改变

直线与曲线的相切关系，也不会改变两个图形之间的

面积关系，因此由前面的证明知，对于椭圆 $\dfrac{x^2}{m^2} + \dfrac{y^2}{n^2} =$

1，定理 2.2 成立.

我们还要指出，定理 2.1 及 2.2 中的不等式（1）

及（2）中的系数 $\dfrac{3}{4}$，$\dfrac{1}{2}$ 均为最佳的，也就是说，这两个

系数是不能改进的. 我们仅以定理 2.1 中的不等式

（1）为例来证明. 为此，我们要介绍一个引理.

引理 2.1　设函数 $f(x)$，$g(x)$ 在 $[a,b]$（b 可为 $+\infty$）

上连续,在 (a,b) 内可导,且在 (a,b) 内 $g'(x) \neq 0$,又 $f(a) = g(a) = 0$,若 $\dfrac{f'(x)}{g'(x)}$ 在 (a,b) 内单调递增(递减),则函数 $\dfrac{f(x)}{g(x)}$ 在 (a,b) 内单调递增(递减).

此引理的证明可见文献[4]或[5].

由定理 2.1 的证明过程知式(3)(4)(5)

$$S_{\triangle ACB} = \frac{b-a}{2ab}(\sqrt{b} - \sqrt{a})^2$$

$$S_{弓} = \frac{b^2 - a^2}{2ab} - \ln \frac{b}{a}$$

$$S_{\triangle APB} = \frac{(b-a)^3}{2ab(a+b)}$$

由式(3)(4)知

$$\frac{S_{弓}}{S_{\triangle ACB}} = \frac{\dfrac{b^2 - a^2}{2ab} - \ln \dfrac{b}{a}}{\dfrac{b-a}{2ab}(\sqrt{b} - \sqrt{a})^2}$$

令 $\sqrt{\dfrac{b}{a}} = x$,则 $x \geqslant 1$,且由上式得

$$\frac{S_{弓}}{S_{\triangle ACB}} = \frac{\dfrac{x^4 - 1}{2x^2} - 2\ln x}{\dfrac{x^2 - 1}{2x^2}(x-1)^2} = \frac{x^4 - 1 - 4x^2 \ln x}{(x+1)(x-1)^3}$$

记 $\lambda_1(x) \triangleq \dfrac{x^4 - 1 - 4x^2 \ln x}{(x+1)(x-1)^3} \triangleq \dfrac{f_1(x)}{g_1(x)}$,则有

$$\frac{f_1'(x)}{g_1'(x)} = \frac{4x^3 - 8x\ln x - 4x}{(x-1)^3 + 3(x+1)(x-1)^2} \triangleq \frac{f_2(x)}{g_2(x)}$$

$$\frac{f_2'(x)}{g_2'(x)} = \frac{2}{3} \cdot \frac{3x^2 - 3 - 2\ln x}{(x-1)^2 + x^2 - 1} \triangleq \frac{f_3(x)}{g_3(x)}$$

$$\frac{f_3'(x)}{g_3'(x)} = \frac{2}{3} \cdot \frac{3x^2 - 1}{2x^2 - x} = \frac{6x^2 - 2}{6x^2 - 3x} = 1 + \frac{1}{3} \cdot \frac{3x - 2}{2x^2 - x}$$

令 $\varphi_1(x) = \dfrac{3x - 2}{2x^2 - x}$，则

$$\varphi_1'(x) = \frac{3(2x^2 - x) - (3x - 2)(4x - 1)}{(2x^2 - x)^2}$$

$$= -\frac{2(x - 1)(3x - 1)}{(2x^2 - x)^2}$$

故当 $x > 1$ 时，$\varphi_1'(x) < 0$，$\varphi_1(x)$ 单调递减，从而当 $x > 1$ 时 $\dfrac{f_3'(x)}{g_3'(x)}$ 单调递减. 又 $f_3(1) = g_3(1) = f_2(1) = g_2(1) = f_1(1) = g_1(1) = 0$，反复运用前面的引理知，函数 $\lambda_1(x)$ 单调递减. 利用洛必达（L'Hôpital）法则及上面的运算结果知

$$\lim_{x \to 1^+} \lambda_1(x) = \lim_{x \to 1^+} \frac{x^4 - 1 - 4x^2 \ln x}{(x + 1)(x - 1)^3} = \lim_{x \to 1} \frac{6x^2 - 2}{6x^2 - 3x} = \frac{4}{3}$$

$$\lim_{x \to +\infty} \lambda_1(x) = \lim_{x \to +\infty} \frac{x^4 - 1 - 4x^2 \ln x}{(x + 1)(x - 1)^3} = \lim_{x \to +\infty} \frac{6x^2 - 2}{6x^2 - 3x} = 1$$

因此

$$1 < \frac{S_{弓}}{S_{\triangle ACB}} < \frac{4}{3}$$

即

$$S_{弓} > S_{\triangle ACB} > \frac{3}{4} S_{弓} \tag{21}$$

且其中的常数 $\dfrac{3}{4}$ 是最佳的.

由式（4）（5）知

从阿基米德三角形谈起

$$\frac{S_弓}{S_{\triangle APB}} = \frac{\dfrac{b^2 - a^2}{2ab} - \ln \dfrac{b}{a}}{\dfrac{(b-a)^3}{2ab(a+b)}}$$

令 $\dfrac{b}{a} = x$，则 $x \geqslant 1$，且有

$$\frac{S_弓}{S_{\triangle APB}} = \frac{\dfrac{x^2 - 1}{2x} - \ln x}{\dfrac{(x-1)^3}{2x(x+1)}} = \frac{x^3 + x^2 - x - 1 - 2(x^2 + x)\ln x}{(x-1)^3}$$

记 $\lambda_2(x) = \dfrac{x^3 + x^2 - x - 1 - 2(x^2 + x)\ln x}{(x-1)^3} \triangleq \dfrac{l_1(x)}{m_1(x)}$，

则有

$$\frac{l_1'(x)}{m_1'(x)} = \frac{3x^2 + 2x - 1 - 2(2x+1)\ln x - 2(x+1)}{3(x-1)^2}$$

$$= \frac{3x^2 - 3 - (4x+2)\ln x}{3(x-1)^2}$$

$$\triangleq \frac{l_2(x)}{m_2(x)}$$

$$\frac{l_2'(x)}{m_2'(x)} = \frac{6x - 4\ln x - 4 - \dfrac{2}{x}}{6(x-1)} = \frac{3x^2 - 2x\ln x - 2x - 1}{3(x^2 - x)}$$

$$\triangleq \frac{l_3(x)}{m_3(x)}$$

$$\frac{l_3'(x)}{m_3'(x)} = \frac{6x - 4 - 2\ln x}{3(2x-1)} = \frac{2}{3} \cdot \frac{3x - 2 - \ln x}{2x-1}$$

令 $\varphi_2(x) = \dfrac{3x - 2 - \ln x}{2x-1}$，则

$$\varphi_2'(x) = \frac{\left(3 - \dfrac{1}{x}\right)(2x-1) - 2(3x - 2 - \ln x)}{(2x-1)^2}$$

$$= \frac{1}{(2x-1)^2}\left(\frac{1}{x} + 2\ln x - 1\right)$$

$$= \frac{1}{x(2x-1)^2}(1 + 2x\ln x - x)$$

再令 $\varphi_3(x) = 1 + 2x\ln x - x$，则

$$\varphi_3'(x) = 2\ln x + 2 - 1 = 2\ln x + 1$$

故当 $x > 1$ 时 $\varphi_3'(x) > 0$，$\varphi_3(x)$ 单调递增. 又 $\varphi_3(1) = 0$，从而当 $x > 1$ 时 $\varphi_3(x) > 0$，所以 $\varphi_2'(x) > 0$，$\varphi_2(x)$ 单调递增，因此当 $x > 1$ 时 $\dfrac{l_3'(x)}{m_3'(x)}$ 单调递增. 又 $l_3(1) = m_3(1) = l_2(1) = m_2(1) = l_1(1) = m_1(1) = 0$，反复运用前面的引理知，函数 $\lambda_2(x)$ 当 $x > 1$ 时单调递增. 利用洛必达法则及前面的运算结果知

$$\lim_{x \to 1^+} \lambda_2(x) = \lim_{x \to 1^+} \frac{x^3 + x^2 - x - 1 - 2(x^2 + x)\ln x}{(x-1)^3}$$

$$= \frac{2}{3}\lim_{x \to 1^+} \frac{3x - 2 - \ln x}{2x - 1} = \frac{2}{3}$$

$$\lim_{x \to +\infty} \lambda_2(x) = \lim_{x \to +\infty} \frac{x^3 + x^2 - x - 1 - 2(x^2 + x)\ln x}{(x-1)^3}$$

$$= \frac{2}{3}\lim_{x \to +\infty} \frac{3x - 2 - \ln x}{2x - 1} = 1$$

因此

$$\frac{2}{3} < \lambda_2(x) < 1$$

即

$$\frac{2}{3}S_{\triangle APB} < S_{弓} < S_{\triangle APB} \qquad (22)$$

且其中的常数 $\dfrac{2}{3}$ 为最佳的.

23

由不等式(21)(22)知定理 2.1 中的不等式(1)成立且其中的常数 $\frac{3}{4}$,$\frac{1}{2}$ 均为最佳的.

定理 2.2 中的不等式(2)中的常数的最佳性也可用同样的方法来证明,读者可自行完成.

三次多项式曲线的一个性质

第 3 章

这一章我们将阿基米德三角形的相关面积问题类比到三次多项式函数,所得结果如下:

定理 3.1 设 A, B 是曲线 $y = a_0 x^3 + a_1 x^2 + a_2 x + a_3$ (a_0, a_1, a_2, a_3 均为常数且 $a_0 \neq 0$) 的凹弧(或凸弧)上的两个定点,过 A, B 作曲线的切线相交于 P,动点 C 在弧 $\overset{\frown}{AB}$ 上,若弦 AB 与曲线所围成的弓形面积为 $S_{弓}$,$\triangle ACB$ 面积的最大值为 S_0,$\triangle APB$ 的面积为 $S_{\triangle APB}$,则有

$$S_0 > \frac{3}{4} S_{弓} > \frac{1}{2} S_{\triangle APB} \qquad (1)$$

定理 3.1 的证明如下.

首先考虑曲线 $y = x^3 + px$ (p 为常数),易知原点 $O(0,0)$ 为 $y = x^3 + px$ 的拐点亦即曲线凹、凸的分界点. 由于 $y = x^3 + px$ 关于其拐点即坐标原点 $O(0,0)$ 中心对

25

称,因此只需考虑曲线 $y = x^3 + px$ 当 $x \geq 0$ 时的情形,此时曲线弧为凹弧(向下凸).

如图 1 所示,设点 A, B 的坐标分别为 $A(a, a^3 + pa)$,$B(b, b^3 + pb)$,其中 $b > a \geq 0$,再设曲线弧 $\overset{\frown}{AB}$ 上动点 C 的坐标为 $(x, x^3 + px)$ $(a \leq x \leq b)$,则

$$S_{\triangle ACB} = \frac{1}{2} \begin{vmatrix} a & a^3 + pa & 1 \\ x & x^3 + px & 1 \\ b & b^3 + pb & 1 \end{vmatrix} = \frac{1}{2} \begin{vmatrix} a & a^3 & 1 \\ x & x^3 & 1 \\ b & b^3 & 1 \end{vmatrix} \triangleq f(x)$$

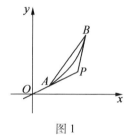

图 1

令 $f'(x) = 0$,得

$$\begin{vmatrix} a & a^3 & 1 \\ 1 & 3x^2 & 0 \\ b & b^3 & 1 \end{vmatrix} = 0$$

解得 $3x^2 = a^2 + ab + b^2$,当 $x > 0$ 时,$x = \sqrt{\dfrac{1}{3}(a^2 + ab + b^2)}$ 为 $f(x)$ 当 $a \leq x \leq b$ 时的唯一驻点.

记 $\sqrt{\dfrac{1}{3}(a^2 + ab + b^2)} = c$,则易知 $a < c < b$. 由于

$$f''(x) = \frac{1}{2} \begin{vmatrix} a & a^3 & 1 \\ 0 & 6x & 0 \\ b & b^3 & 1 \end{vmatrix} = 3x(a - b)$$

故 $f''(c) = 3c(a - b) < 0$，因此当 $x = c$ 时，$f(x)$ 即 $S_{\triangle ACB}$ 取得极大值，也是最大值，且最大值为

$$S_0 = \frac{1}{2} \begin{vmatrix} a & a^3 & 1 \\ c & c^3 & 1 \\ b & b^3 & 1 \end{vmatrix} = \frac{1}{2}(b - a)(c - a)(b - c)(a + b + c)$$

（2）

容易验证曲线 $y = x^3 + px$ 过点 $(c, c^3 + pc)$ 的切线与弦 AB 平行，这也具有直观的几何意义.

过 A, B 两点的直线方程为

$$\frac{y - a^3 - pa}{x - a} = \frac{b^3 + pb - a^3 - pa}{b - a} = a^2 + ab + b^2 + p$$

或

$$y = (a^2 + ab + b^2 + p)(x - a) + a^3 + pa$$

也就是

$$y = (a^2 + ab + b^2 + p)x - ab(a + b)$$

由此知

$$S_{弓} = \int_a^b \left[(a^2 + ab + b^2 + p)x - ab(a + b) - x^3 - px \right] \mathrm{d}x$$

$$= \int_a^b \left[(a^2 + ab + b^2)x - ab(a + b) - x^3 \right] \mathrm{d}x$$

经计算可得

$$S_{弓} = \frac{1}{4}(a + b)(b - a)^3 \qquad (3)$$

由于 $y' = 3x^2 + p$，故曲线过 A, B 两点的切线方程分别为

$$y - a^3 - pa = (3a^2 + p)(x - a)$$
$$y - b^3 - pb = (3b^2 + p)(x - b)$$

或

$$y = (3a^2 + p)x - 2a^3$$
$$y = (3b^2 + p)x - 2b^3$$

解此联立方程组可得两条切线交点 P 的坐标为

$$P\left(\frac{2}{3} \cdot \frac{a^2 + ab + b^2}{a+b}, \frac{2}{3} \cdot \frac{p(a^2 + ab + b^2)}{a+b} + \frac{2a^2b^2}{a+b} \right)$$

故有

$$S_{\triangle APB} = \frac{1}{2} \begin{vmatrix} a & a^3 + pa & 1 \\ \frac{2}{3} \cdot \frac{a^2 + ab + b^2}{a+b} & \frac{2}{3} \cdot \frac{p(a^2 + ab + b^2)}{a+b} + \frac{2a^2b^2}{a+b} & 1 \\ b & b^3 + pb & 1 \end{vmatrix}$$

$$= \frac{1}{2} \begin{vmatrix} a & a^3 & 1 \\ \frac{2}{3} \cdot \frac{a^2 + ab + b^2}{a+b} & \frac{2a^2b^2}{a+b} & 1 \\ b & b^3 & 1 \end{vmatrix}$$

$$= \frac{1}{3(a+b)} \begin{vmatrix} a & a^3 & 1 \\ a^2 + ab + b^2 & 3a^2b^2 & \frac{3}{2}(a+b) \\ b & b^3 & 1 \end{vmatrix}$$

经计算知上式右端的行列式等于

$$(b-a)\left(a^4 + b^4 + \frac{1}{2}a^3b + \frac{1}{2}ab^3 - 3a^2b^2 \right)$$

$$= \frac{1}{2}(b-a)^3(a+2b)(2a+b)$$

故

$$S_{\triangle APB} = \frac{(b-a)^3}{6(a+b)}(a+2b)(2a+b) \qquad (4)$$

由式（2）（3）知

$$\frac{S_0}{S_{弓}} = \frac{\dfrac{1}{2}(b-a)(c-a)(b-c)(a+b+c)}{\dfrac{1}{4}(a+b)(b-a)^3}$$

$$= \frac{2(c-a)(b-c)(a+b+c)}{(a+b)(b-a)^2}$$

故不等式 $S_0 > \dfrac{3}{4}S_{弓}$ 等价于

$$8(c-a)(b-c)(a+b+c) > 3(a+b)(b-a)^2$$

将上式左端展开,并利用 $3c^2 = a^2 + ab + b^2$,则由上式可得

$$8\big[2c^3 - ab(a+b)\big] > 3(a+b)(b-a)^2$$

即

$$16c^3 > 3a^3 + 3b^3 + 5a^2b + 5ab^2$$

上式两边平方,并再次利用 $3c^2 = a^2 + ab + b^2$,可得

$$256(a^2 + ab + b^2)^3 > 27(3a^3 + 3b^3 + 5a^2b + 5ab^2)^2$$

将上式左、右两端展开后,并整理可得

$$13a^6 + 13b^6 + 51a^4b^2 + 51a^2b^4 > 42a^5b + 42ab^5 + 44a^3b^3$$

而上式又等价于

$$(a-b)^4(13a^2 + 10ab + 13b^2) > 0$$

由于 $b > a \geqslant 0$,故此不等式成立,从而有

$$S_0 > \frac{3}{4}S_{弓} \tag{5}$$

由式(3)(4)知

$$\frac{S_{弓}}{S_{\triangle APB}} = \frac{\dfrac{1}{4}(a+b)(b-a)^3}{\dfrac{(b-a)^3}{6(a+b)}(a+2b)(2a+b)} = \frac{3(a+b)^2}{2(a+2b)(2a+b)}$$

故不等式 $\dfrac{3}{4}S_{弓} > \dfrac{1}{2}S_{\triangle APB}$，即 $S_{弓} > \dfrac{2}{3}S_{\triangle APB}$ 等价于

$$\frac{3(a+b)^2}{2(a+2b)(2a+b)} > \frac{2}{3}$$

即

$$9(a+b)^2 > 4(a+2b)(2a+b)$$

或

$$9a^2 + 18ab + 9b^2 > 8a^2 + 20ab + 8b^2$$

此即 $(a-b)^2 > 0$.

由于 $b > a \geqslant 0$，故此不等式成立，从而有

$$\frac{3}{4}S_{弓} > \frac{1}{2}S_{\triangle APB} \tag{6}$$

由式（5）（6）知，当 $y = x^3 + px$ 时不等式（1）成立.

对于曲线 $y = a_0 x^3 + a_1 x^2 + a_2 x + a_3（a_0 \neq 0）$，由于 $a_0 \neq 0$，故不妨设 $a_0 > 0$. 对曲线首先作坐标平移变换：$x = x' - \dfrac{a_1}{3a_0}, y = y' + \dfrac{2a_1^3}{27a_0^2} - \dfrac{a_1 a_2}{3a_0} + a_3$，则 $y = a_0 x^3 + a_1 x^2 + a_2 x + a_3$ 变为 $y' = a_0 x'^3 + a_2' x'$，其中 $a_2' = -\dfrac{a_1^2}{3a_0} + a_2$. 由于 $a_0 > 0$，故 $\dfrac{y'}{a_0} = x'^3 + \dfrac{a_2'}{a_0} x'$，再作坐标压缩变换：$\dfrac{y'}{y''} = a_0, \dfrac{x'}{x''} = 1$，并记 $\dfrac{a_2'}{a_0} = a_2''$，则 $y = a_0 x^3 + a_1 x^2 + a_2 x + a_3$ 变换为 $y'' = x''^3 + a_2'' x''$. 由前所证知，对于曲线 $y'' = x''^3 + a_2'' x''$，不等式（1）成立. 由于坐标平移变换及压缩变换均为可逆的，它不会改变直线与曲线的相切关系，也不会改变两个图形之间的面积关系，因此对于

曲线 $y = a_0 x^3 + a_1 x^2 + a_2 x + a_3 (a_0 \neq 0)$，不等式（1）成立，从而定理 3.1 证毕.

　　综上可以证明，不等式（1）中的常数 $\dfrac{3}{4}$ 和 $\dfrac{1}{2}$ 均为最佳常数.

关于指数函数与对数函数的两个结论

类似于前面对双曲线、椭圆以及三次多项式函数的讨论,我们再给出指数函数与对数函数的两个结论.

定理 4.1 设 A,B 是曲线 $y=a^x$ $(a>0,a\neq1)$ 上的不同两点,过 A,B 分别作曲线的切线相交于 P. 若弦 AB 与 $y=a^x$ 所围成的指数曲线的弓形的面积为 $S_弓$,$\triangle APB$ 的面积为 $S_{\triangle APB}$,则有

$$S_弓 > \frac{2}{3}S_{\triangle APB} \qquad (1)$$

定理 4.2 设 A,B 是曲线 $y=\log_a x$ $(a>0,a\neq1)$ 上的不同两点,过 A,B 分别作曲线的切线相交于 P. 若弦 AB 与 $y=\log_a x$ 所围成的对数曲线的弓形的面积为 $S_弓$,$\triangle APB$ 的面积为 $S_{\triangle APB}$,则有

$$S_弓 > \frac{2}{3}S_{\triangle APB} \qquad (2)$$

第 4 章

定理 4.1 的证明如下.

首先考虑曲线 $y = \mathrm{e}^x$. 设 A, B 两点的坐标分别为 $A(a, \mathrm{e}^a), B(b, \mathrm{e}^b)$, 其中 $b > a$. 易知过 A, B 两点的直线方程为

$$y = \frac{\mathrm{e}^b - \mathrm{e}^a}{b - a}(x - a) + \mathrm{e}^a$$

即

$$y = \frac{\mathrm{e}^b - \mathrm{e}^a}{b - a}x + \frac{b\mathrm{e}^a - a\mathrm{e}^b}{b - a}$$

由此知

$$S_{弓} = \int_a^b \left(\frac{\mathrm{e}^b - \mathrm{e}^a}{b - a}x + \frac{b\mathrm{e}^a - a\mathrm{e}^b}{b - a} - \mathrm{e}^x \right) \mathrm{d}x$$

$$= \frac{1}{2}(a + b)(\mathrm{e}^b - \mathrm{e}^a) + b\mathrm{e}^a - a\mathrm{e}^b - \mathrm{e}^b + \mathrm{e}^a$$

即

$$S_{弓} = \frac{1}{2}(b - a)(\mathrm{e}^a + \mathrm{e}^b) - (\mathrm{e}^b - \mathrm{e}^a) \qquad (3)$$

易知曲线 $y = \mathrm{e}^x$ 过 A, B 两点的切线方程分别为

$$y = \mathrm{e}^a(x - a) + \mathrm{e}^a$$
$$y = \mathrm{e}^b(x - b) + \mathrm{e}^b$$

解此联立方程组可得两条切线交点 P 的坐标为

$$x = \frac{b\mathrm{e}^b - a\mathrm{e}^a}{\mathrm{e}^b - \mathrm{e}^a} - 1, \quad y = \mathrm{e}^{a+b}\frac{b - a}{\mathrm{e}^b - \mathrm{e}^a}$$

从而有

$$S_{\triangle APB} = \frac{1}{2} \begin{vmatrix} a & \mathrm{e}^a & 1 \\ \dfrac{b\mathrm{e}^b - a\mathrm{e}^a}{\mathrm{e}^b - \mathrm{e}^a} - 1 & \mathrm{e}^{a+b}\dfrac{b - a}{\mathrm{e}^b - \mathrm{e}^a} & 1 \\ b & \mathrm{e}^b & 1 \end{vmatrix}$$

$$= \frac{1}{2} \begin{vmatrix} a & \mathrm{e}^a & 1 \\ \dfrac{b\mathrm{e}^b - a\mathrm{e}^a}{\mathrm{e}^b - \mathrm{e}^a} - 1 & \mathrm{e}^{a+b}\dfrac{b-a}{\mathrm{e}^b - \mathrm{e}^a} & 1 \\ b-a & \mathrm{e}^b - \mathrm{e}^a & 0 \end{vmatrix}$$

计算上式右端的行列式可得

$$S_{\triangle APB} = \frac{1}{2}\left[(b-a)(\mathrm{e}^a + \mathrm{e}^b) - \mathrm{e}^{a+b}\frac{(b-a)^2}{\mathrm{e}^b - \mathrm{e}^a} - (\mathrm{e}^b - \mathrm{e}^a)\right]$$

$$(4)$$

由式(3)(4)知不等式(1)等价于

$$3(b-a)(\mathrm{e}^a + \mathrm{e}^b) - 6(\mathrm{e}^b - \mathrm{e}^a)$$

$$> 2(b-a)(\mathrm{e}^a + \mathrm{e}^b) - 2\mathrm{e}^{a+b}\frac{(b-a)^2}{\mathrm{e}^b - \mathrm{e}^a} - 2(\mathrm{e}^b - \mathrm{e}^a)$$

整理上面的不等式可得

$$(b-a)(\mathrm{e}^{2b} - \mathrm{e}^{2a}) + 2(b-a)^2\mathrm{e}^{a+b} > 4(\mathrm{e}^b - \mathrm{e}^a)^2$$

或

$$(b-a)(\mathrm{e}^{2(b-a)} - 1) + 2(b-a)^2\mathrm{e}^{b-a} > 4(\mathrm{e}^{b-a} - 1)^2$$

$$(5)$$

令 $\mathrm{e}^{b-a} = x$，则 $x > 1$ 且 $b-a = \ln x$，而式(5)等价于

$$(x^2 - 1)\ln x + 2x\ln^2 x > 4(x-1)^2 \qquad (6)$$

令 $f(x) = (x^2 - 1)\ln x + 2x\ln^2 x - 4(x-1)^2 \ (x > 1)$，则

$$f'(x) = 2x\ln x + x - \frac{1}{x} + 2\ln^2 x + 4\ln x - 8(x-1)$$

$$= 2x\ln x + 2\ln^2 x + 4\ln x - 7x - \frac{1}{x} + 8$$

$$f''(x) = 2\ln x + 2 + \frac{4}{x}\ln x + \frac{4}{x} - 7 + \frac{1}{x^2}$$

$$f'''(x) = \frac{2}{x} + 4 \cdot \frac{1 - \ln x}{x^2} - \frac{4}{x^2} - \frac{2}{x^3}$$

$$= \frac{2}{x} - \frac{2}{x^3} - \frac{4}{x^2} \ln x$$

$$= \frac{2}{x^3}(x^2 - 1 - 2x \ln x)$$

再令 $\varphi(x) = x^2 - 1 - 2x \ln x\,(x > 1)$，则

$$\varphi'(x) = 2x - 2\ln x - 2 = 2(x - \ln x - 1)$$

$$\varphi''(x) = 2\left(1 - \frac{1}{x}\right) = \frac{2}{x}(x - 1)$$

故当 $x > 1$ 时 $\varphi''(x) > 0$，$\varphi'(x)$ 单调递增. 又 $\lim_{x \to 1^+} \varphi'(x) = 0$，所以当 $x > 1$ 时 $\varphi'(x) > 0$，$\varphi(x)$ 单调递增，而 $\lim_{x \to 1^+} \varphi(x) = 0$，因此当 $x > 1$ 时 $\varphi(x) > 0$，$f'''(x) > 0$，由此知 $f''(x)$ 单调递增. 由于 $\lim_{x \to 1^+} f''(x) = \lim_{x \to 1^+} f'(x) = \lim_{x \to 1^+} f(x) = 0$，反复运用函数单调性的判别方法知 $f(x) > f(1^+) = 0$，因此不等式(6)成立，亦即当 $y = \mathrm{e}^x$ 时不等式(1)成立.

由于 $y = a^x = \mathrm{e}^{x \ln a}$，故通过坐标压缩变换: $\frac{x}{x'} = \frac{1}{\ln a}, \frac{y}{y'} = 1$，可将 $y = a^x$ 变换为 $y' = \mathrm{e}^{x'}$. 由于坐标压缩变换是可逆的，它不会改变直线与曲线的相切关系，也不会改变两个图形之间的面积关系，因此由前所证知，对于函数 $y = a^x\,(a > 0, a \neq 1)$，不等式(1)成立.

定理 4.2 的证明如下.

首先考虑 $y = \log_a x$ 当 $a = \mathrm{e}$ 时，即 $y = \ln x$ 的情形.

设 A, B 的坐标分别为 $A(a, \ln a), B(b, \ln b)$，其中

从阿基米德三角形谈起

$0 < a < b$，则过 A, B 两点的直线方程为

$$y = \frac{\ln b - \ln a}{b - a}(x - a) + \ln a$$

从而有

$$S_弓 = \int_a^b \left[\ln x - \frac{\ln b - \ln a}{b - a}(x - a) - \ln a \right] \mathrm{d}x$$

$$= \left[x\ln x - x - \frac{1}{2} \frac{\ln b - \ln a}{b - a}(x - a)^2 - x\ln a \right] \Bigg|_a^b$$

$$= b\ln b - b - a\ln a + a - \frac{1}{2}(b - a)\ln \frac{b}{a} -$$

$$(b - a)\ln a$$

即

$$S_弓 = \frac{1}{2}(a + b)\ln \frac{b}{a} - (b - a) \tag{7}$$

曲线 $y = \ln x$ 过 A, B 两点的切线方程分别为

$$y = \frac{1}{a}x - 1 + \ln a$$

$$y = \frac{1}{b}x - 1 + \ln b$$

解此联立方程组可得两条切线的交点 P 的坐标为

$$\begin{cases} x = ab\dfrac{\ln b - \ln a}{b - a} \\ y = \dfrac{1}{b - a}(b\ln b - a\ln a) - 1 \end{cases}$$

由此知

$$S_{\triangle APB} = \frac{1}{2} \begin{vmatrix} a & \ln a & 1 \\ b & \ln b & 1 \\ ab\dfrac{\ln b - \ln a}{b - a} & \dfrac{1}{b - a}(b\ln b - a\ln a) - 1 & 1 \end{vmatrix}$$

经计算可得

$$S_{\triangle APB} = \frac{1}{2}\left[(a+b)\ln\frac{b}{a} - \frac{ab}{b-a}\left(\ln\frac{b}{a}\right)^2 - (b-a)\right]$$

$$(8)$$

由式(7)(8)知不等式(2)等价于

$$\frac{1}{2}(a+b)\ln\frac{b}{a} - (b-a)$$

$$> \frac{1}{3}\left[(a+b)\ln\frac{b}{a} - \frac{ab}{b-a}\left(\ln\frac{b}{a}\right)^2 - (b-a)\right]$$

而上式又等价于

$$(a+b)\ln\frac{b}{a} + 2\frac{ab}{b-a}\left(\ln\frac{b}{a}\right)^2 - 4(b-a) > 0 \quad (9)$$

因此只需证明不等式(9)成立即可.

令 $\frac{b}{a} = x$，则 $x > 1$，此时式(9)即为

$$(x+1)\ln x + \frac{2x}{x-1}(\ln x)^2 - 4x + 4 > 0$$

或

$$(x^2-1)\ln x + 2x(\ln x)^2 - 4(x-1)^2 > 0 \quad (10)$$

令 $F(x) = (x^2-1)\ln x + 2x(\ln x)^2 - 4(x-1)^2 (x > 1)$，则

$$F'(x) = 2x\ln x + x - \frac{1}{x} + 2(\ln x)^2 + 4\ln x - 8(x-1)$$

$$= \frac{1}{x}\left[2x^2\ln x - 7x^2 + 8x - 1 + 2x(\ln x)^2 + 4x\ln x\right]$$

$$\triangleq \frac{1}{x}G(x)$$

而

$$G'(x) = 4x\ln x + 2x - 14x + 8 + 2(\ln x)^2 +$$

37

$$4\ln x + 4\ln x + 4$$

$$= 2\left[2x\ln x - 6x + 6 + (\ln x)^2 + 4\ln x \right]$$

$$G''(x) = 2\left(2\ln x + 2 - 6 + 2\frac{\ln x}{x} + \frac{4}{x} \right)$$

$$= \frac{4}{x}(x\ln x - 2x + \ln x + 2)$$

$$\triangleq \frac{4}{x}H(x)$$

又
$$H'(x) = \ln x + \frac{1}{x} - 1$$

$$H''(x) = \frac{1}{x} - \frac{1}{x^2} = \frac{x-1}{x^2}$$

故当 $x > 1$ 时 $H''(x) > 0$, $H'(x)$ 单调递增, 又 $\lim\limits_{x \to 1^+} H'(x) = 0$, 故当 $x > 1$ 时, $H'(x) > 0$, $H(x)$ 单调递增, 而 $\lim\limits_{x \to 1^+} H(x) = 0$, 从而当 $x > 1$ 时 $H(x) > 0$, $\frac{4}{x}H(x) = G''(x) > 0$, $G'(x)$ 单调递增; 又 $\lim\limits_{x \to 1^+} G'(x) = 0$, 于是当 $x > 1$ 时 $G'(x) > 0$, $G(x)$ 单调递增, 而 $\lim\limits_{x \to 1^+} G(x) = 0$, 所以当 $x > 1$ 时, $G(x) > 0$, $\frac{1}{x}G(x) > 0$, 即 $F'(x) > 0$. 于是 $F(x)$ 当 $x > 1$ 时单调递增, 又 $\lim\limits_{x \to 1^+} F(x) = 0$, 所以当 $x > 1$ 时 $F(x) > 0$, 即不等式(10)成立.

因此当 $y = \ln x$ 时不等式(9)或不等式(2)成立.

不等式(1)(2)中的常数 $\frac{2}{3}$ 是最佳的, 现仅以不等式(2)为例给出证明, 当然证明过程仍要用到前面的引理 2.1.

由式(7)(8)可知

$$\frac{S_{\triangle APB}}{S_{\not{\exists}}} = \frac{\dfrac{1}{2}\left[(a+b)\ln\dfrac{b}{a} - \dfrac{ab}{b-a}\left(\ln\dfrac{b}{a}\right)^2 - (b-a)\right]}{\dfrac{1}{2}(a+b)\ln\dfrac{b}{a} - (b-a)}$$

即

$$\frac{S_{\triangle APB}}{S_{\not{\exists}}} = \frac{(a+b)\ln\dfrac{b}{a} - \dfrac{ab}{b-a}\left(\ln\dfrac{b}{a}\right)^2 - (b-a)}{(a+b)\ln\dfrac{b}{a} - 2(b-a)}$$

令 $\dfrac{b}{a} = x$，则 $x > 1$，且由上式可得

$$\frac{S_{\triangle APB}}{S_{\not{\exists}}} \triangleq \lambda(x) \triangleq \frac{(x+1)\ln x - \dfrac{x}{x-1}(\ln x)^2 - (x-1)}{(x+1)\ln x - 2(x-1)}$$

$$= \frac{(x^2-1)\ln x - x(\ln x)^2 - (x-1)^2}{(x^2-1)\ln x - 2(x-1)^2} \triangleq \frac{f_1(x)}{g_1(x)}$$

易知

$$\frac{f_1'(x)}{g_1'(x)} = \frac{2x\ln x + x - \dfrac{1}{x} - (\ln x)^2 - 2\ln x - 2(x-1)}{2x\ln x + x - \dfrac{1}{x} - 4(x-1)}$$

$$= \frac{2x^2\ln x - x^2 - 1 + 2x - x(\ln x)^2 - 2x\ln x}{2x^2\ln x - 3x^2 + 4x - 1}$$

$$\triangleq \frac{f_2(x)}{g_2(x)}$$

$$\frac{f_2'(x)}{g_2'(x)} = \frac{4x\ln x - (\ln x)^2 - 4\ln x}{4x\ln x - 4x + 4} \triangleq \frac{f_3(x)}{g_3(x)}$$

$$\frac{f_3'(x)}{g_3'(x)} = \frac{4\ln x + 4 - \dfrac{2\ln x}{x} - \dfrac{4}{x}}{4(\ln x + 1 - 1)}$$

39

$$= \frac{2x\ln x + 2x - \ln x - 2}{2x\ln x} \triangleq \frac{f_4(x)}{g_4(x)}$$

$$\frac{f_4'(x)}{g_4'(x)} = \frac{2\ln x + 2 + 2 - \dfrac{1}{x}}{2\ln x + 2} = \frac{1}{2} \cdot \frac{2x\ln x + 4x - 1}{x\ln x + x}$$

令 $\varphi(x) = \dfrac{2x\ln x + 4x - 1}{x\ln x + x}$ $(x > 1)$，则

$$\varphi'(x) = \frac{1}{(x\ln x + x)^2} \big[(2\ln x + 6)(x\ln x + x) -$$

$$(2x\ln x + 4x - 1)(\ln x + 2) \big]$$

$$= \frac{1}{(x\ln x + x)^2} (\ln x - 2x + 2)$$

再令 $\psi(x) = \ln x - 2x + 2$，则 $\psi'(x) = \dfrac{1}{x} - 2$，故当 $x > 1$ 时 $\psi'(x) < 0$，$\psi(x)$ 单调递减，又 $\lim\limits_{x \to 1^+} \psi(x) = 0$，故当 $x > 1$ 时 $\psi(x) < 0$，从而当 $x > 1$ 时 $\varphi'(x) < 0$，$\varphi(x)$ 单调递减，从而 $\dfrac{f_4'(x)}{g_4'(x)}$ 也单调递减. 由于

$$\frac{f_3'(x)}{g_3'(x)} = \frac{f_3'(x) - f_3'(1)}{g_3'(x) - g_3'(1)}, \frac{f_2'(x)}{g_2'(x)} = \frac{f_2'(x) - f_2'(1)}{g_2'(x) - g_2'(1)}$$

$$\frac{f_1'(x)}{g_1'(x)} = \frac{f_1'(x) - f_1'(1)}{g_1'(x) - g_1'(1)}, \frac{f_1(x)}{g_1(x)} = \frac{f_1(x) - f_1(1)}{g_1(x) - g_1(1)}$$

反复运用前面介绍的引理 2.1 可知，函数 $\lambda(x) = \dfrac{f_1(x)}{g_1(x)}$ 当 $x > 1$ 时单调递减.

利用洛必达法则及上面的运算结果可得

$$\lim_{x \to 1^+} \lambda(x) = \lim_{x \to 1^+} \frac{(x^2 - 1)\ln x - x(\ln x)^2 - (x - 1)^2}{(x^2 - 1)\ln x - 2(x - 1)^2}$$

$$= \frac{1}{2} \lim_{x \to 1^+} \frac{2x\ln x + 4x - 1}{x\ln x + x} = \frac{3}{2}$$

$$\lim_{x \to +\infty} \lambda(x) = \lim_{x \to +\infty} \frac{(x^2 - 1)\ln x - x(\ln x)^2 - (x - 1)^2}{(x^2 - 1)\ln x - 2(x - 1)^2}$$

$$= \frac{1}{2} \lim_{x \to +\infty} \frac{2x\ln x + 4x - 1}{x\ln x + x} = 1$$

因此 $1 < \dfrac{S_{\triangle APB}}{S_{弓}} < \dfrac{3}{2}$，此即

$$\frac{2}{3} S_{\triangle APB} < S_{弓} < S_{\triangle APB}$$

而且这里的常数 $\dfrac{2}{3}$ 是最佳的.

对于函数 $y = \log_a x (a > 0, a \neq 1)$，由于 $y = \log_a x = \dfrac{\ln x}{\ln a}$，若作坐标压缩变换：$\dfrac{x}{x'} = 1, \dfrac{y}{y'} = \dfrac{1}{\ln a}$，则 $y = \dfrac{\ln x}{\ln a}$ 变换为 $y' = \ln x'$. 由于上述压缩变换是可逆的，它不会改变直线与曲线的相切关系，也不会改变两个图形之间的面积关系，因此对于函数 $y = \log_a x$，要证的结论成立.

41

幂函数的两个性质

大家知道,抛物线方程 $y = x^2$ 是幂函数 $y = x^\alpha$(α 为实数)的特例,作为第 1 章相关内容的拓展,我们在这一章将研究幂函数 $y = x^\alpha$ 对应的阿基米德三角形的性质.

定理 5.1 设 $\alpha(\alpha \neq 0, 1)$ 为实数,A,B 是幂函数曲线 $y = x^\alpha$ 上的两个定点,过 A,B 作曲线的切线相交于 P. 若弦 AB 与幂函数曲线所围成的弓形面积为 $S_弓$,$\triangle APB$ 的面积为 $S_{\triangle APB}$,则当 $\alpha > 2$ 或 $\alpha < \dfrac{1}{2}(\alpha \neq 0)$时,有

$$S_弓 > \frac{2}{3} S_{\triangle APB} \tag{1}$$

当 $\dfrac{1}{2} < \alpha < 2(\alpha \neq 1)$时,有

$$S_弓 < \frac{2}{3} S_{\triangle APB} \tag{2}$$

42

定理 5.2　设 $\alpha(\alpha \neq 0,1)$ 为实数,A,B 是幂函数曲线 $y = x^{\alpha}$ 上的两个定点,过 A,B 作曲线的切线相交于 P. 若切线 PA,PB 与弦 AB 的斜率分别为 k_A,k_B 与 k,则当 $0 < \alpha < 1$ 或 $\alpha > 2$ 时,有

$$k_A + k_B > 2k \tag{3}$$

当 $\alpha < 0$ 或 $1 < \alpha < 2$ 时,有

$$k_A + k_B < 2k \tag{4}$$

定理 5.1 的证明如下.

由于 α 为实数,故 $y = x^{\alpha}$ 中的 x 应满足 $x > 0$.

当 $\alpha = -1$ 时,$y = \dfrac{1}{x}$ 的图像为双曲线,在第 2 章中已证明结论成立,故以下讨论中 $\alpha \neq -1$.

设 A,B 两点的坐标分别为 $A(a,a^{\alpha})$,$B(b,b^{\alpha})$ $(b > a > 0)$. 由 $y = x^{\alpha}$ 知 $y' = \alpha x^{\alpha-1}$,故曲线 $y = x^{\alpha}$ 过点 A 的切线方程为

$$y - a^{\alpha} = \alpha a^{\alpha-1}(x - a)$$

或

$$y = \alpha a^{\alpha-1}x - (\alpha-1)a^{\alpha} \tag{5}$$

同理可知 $y = x^{\alpha}$ 过点 B 的切线方程为

$$y = \alpha b^{\alpha-1}x - (\alpha-1)b^{\alpha} \tag{6}$$

解式(5)(6)联立的方程组可得两条切线交点 P 的坐标为

$$P\left(\frac{\alpha-1}{\alpha} \cdot \frac{b^{\alpha} - a^{\alpha}}{b^{\alpha-1} - a^{\alpha-1}}, (\alpha-1)a^{\alpha-1}b^{\alpha-1}\frac{b - a}{b^{\alpha-1} - a^{\alpha-1}}\right)$$

由于 $y'' = \alpha(\alpha-1)x^{\alpha-2}$,故当 $\alpha > 1$ 或 $\alpha < 0$ 时 $y = x^{\alpha}$ 的图像向下凸,所以

从阿基米德三角形谈起

$$S_{\triangle APB} = \frac{1}{2} \begin{vmatrix} a & a^{\alpha} & 1 \\ \dfrac{\alpha-1}{\alpha} \cdot \dfrac{b^{\alpha}-a^{\alpha}}{b^{\alpha-1}-a^{\alpha-1}} & (\alpha-1)a^{\alpha-1}b^{\alpha-1}\dfrac{b-a}{b^{\alpha-1}-a^{\alpha-1}} & 1 \\ b & b^{\alpha} & 1 \end{vmatrix}$$

即

$$S_{\triangle APB} = \frac{1}{2}\left[\frac{\alpha-1}{\alpha} \cdot \frac{(b^{\alpha}-a^{\alpha})^2}{b^{\alpha-1}-a^{\alpha-1}} - (\alpha-1)\frac{a^{\alpha-1}b^{\alpha-1}}{b^{\alpha-1}-a^{\alpha-1}}(b-a)^2 - \right.$$
$$\left. ab(b^{\alpha-1}-a^{\alpha-1}) \right] \tag{7}$$

而当 $0 < \alpha < 1$ 时

$$S_{\triangle APB} = \frac{1}{2} \begin{vmatrix} \dfrac{\alpha-1}{\alpha} \cdot \dfrac{b^{\alpha}-a^{\alpha}}{b^{\alpha-1}-a^{\alpha-1}} & (\alpha-1)a^{\alpha-1}b^{\alpha-1}\dfrac{b-a}{b^{\alpha-1}-a^{\alpha-1}} & 1 \\ a & a^{\alpha} & 1 \\ b & b^{\alpha} & 1 \end{vmatrix}$$

即

$$S_{\triangle APB} = -\frac{1}{2}\left[\frac{\alpha-1}{\alpha} \cdot \frac{(b^{\alpha}-a^{\alpha})^2}{b^{\alpha-1}-a^{\alpha-1}} - (\alpha-1)\frac{a^{\alpha-1}b^{\alpha-1}}{b^{\alpha-1}-a^{\alpha-1}}(b-a)^2 - \right.$$
$$\left. ab(b^{\alpha-1}-a^{\alpha-1}) \right] \tag{8}$$

又当 $\alpha > 1$ 或 $\alpha < 0 (\alpha \neq -1)$ 时,有

$$S_{弓} = \frac{1}{2}(b-a)(a^{\alpha}+b^{\alpha}) - \int_a^b x^{\alpha}\mathrm{d}x$$

即

$$S_{弓} = \frac{1}{2}(b-a)(a^{\alpha}+b^{\alpha}) - \frac{1}{\alpha+1}(b^{\alpha+1}-a^{\alpha+1}) \tag{9}$$

而当 $0 < \alpha < 1$ 时,有

$$S_{弓} = \int_a^b x^{\alpha}\mathrm{d}x - \frac{1}{2}(b-a)(a^{\alpha}+b^{\alpha})$$

44

即

$$S_弓 = \frac{1}{\alpha + 1}(b^{\alpha+1} - a^{\alpha+1}) - \frac{1}{2}(b-a)(a^\alpha + b^\alpha)$$

$$(10)$$

由式（7）（8）（9）（10）知，当 $\alpha > 1$ 或 $\alpha < 0$（$\alpha \neq -1$）时，有

$$S_弓 - \frac{2}{3}S_{\triangle APB} = \frac{1}{2}(b-a)(a^\alpha + b^\alpha) - \frac{1}{\alpha+1}(b^{\alpha+1} - a^{\alpha+1}) -$$

$$\frac{1}{3}\left[\frac{\alpha-1}{\alpha} \cdot \frac{(b^\alpha - a^\alpha)^2}{b^{\alpha-1} - a^{\alpha-1}} - (\alpha-1)\frac{a^{\alpha-1}b^{\alpha-1}}{b^{\alpha-1} - a^{\alpha-1}}(b-a)^2 -\right.$$

$$\left. ab(b^{\alpha-1} - a^{\alpha-1})\right]$$

$$= \frac{1}{6\alpha(\alpha+1)(b^{\alpha-1} - a^{\alpha-1})}[3(\alpha^2 + \alpha)(b-a) \cdot$$

$$(a^\alpha + b^\alpha)(b^{\alpha-1} - a^{\alpha-1}) -$$

$$6\alpha(b^{\alpha+1} - a^{\alpha+1})(b^{\alpha-1} - a^{\alpha-1}) -$$

$$2(\alpha^2 - 1)(b^\alpha - a^\alpha)^2 +$$

$$2(\alpha^3 - \alpha)(b-a)^2 a^{\alpha-1}b^{\alpha-1} +$$

$$2(\alpha^2 + \alpha)ab(b^{\alpha-1} - a^{\alpha-1})^2]$$

若将上式右端方括号内的式子记为 $F(a, b, \alpha)$，则当 $\alpha > 1$ 或 $\alpha < 0$（$\alpha \neq -1$）时，有

$$S_弓 - \frac{2}{3}S_{\triangle APB} = \frac{1}{6\alpha(\alpha+1)(b^{\alpha-1} - a^{\alpha-1})}F(a, b, \alpha)$$

$$(11)$$

同理知，当 $0 < \alpha < 1$ 时，有

$$S_弓 - \frac{2}{3}S_{\triangle APB} = -\frac{1}{6\alpha(\alpha+1)(b^{\alpha-1} - a^{\alpha-1})}F(a, b, \alpha)$$

$$(12)$$

下面我们来研究 $F(a, b, \alpha)$.

令 $\dfrac{b}{a} = t$，则 $t > 1$，且有

$$F(a,b,\alpha) = a^{2\alpha}\big[3(\alpha^2+\alpha)(t-1)(t^{\alpha}+1)(t^{\alpha-1}-1) -$$
$$6\alpha(t^{\alpha+1}-1)(t^{\alpha-1}-1) - 2(\alpha^2-1)(t^{\alpha}-1)^2 +$$
$$2(\alpha^3-\alpha)(t-1)^2 t^{\alpha-1} + 2(\alpha^2+\alpha)t(t^{\alpha-1}-1)^2\big]$$

再记

$$F(a,b,\alpha) = a^{2\alpha}f(t) \tag{13}$$

其中

$$f(t) = (3\alpha^2+3\alpha)(t^{2\alpha}-t^{2\alpha-1}-t^{\alpha+1}+2t^{\alpha}-t^{\alpha-1}-t+1) -$$
$$6\alpha(t^{2\alpha}-t^{\alpha+1}-t^{\alpha-1}+1) - (2\alpha^2-2)(t^{2\alpha}-2t^{\alpha}+1) +$$
$$(2\alpha^3-2\alpha)(t^{\alpha+1}-2t^{\alpha}+t^{\alpha-1}) +$$
$$(2\alpha^2+2\alpha)(t^{2\alpha-1}-2t^{\alpha}+t)$$

整理后可得

$$f(t) = (\alpha^2-3\alpha+2)t^{2\alpha} - (\alpha^2+\alpha)t^{2\alpha-1} +$$
$$(2\alpha^3-3\alpha^2+\alpha)t^{\alpha+1} - (4\alpha^3-6\alpha^2-6\alpha+4)t^{\alpha} +$$
$$(2\alpha^3-3\alpha^2+\alpha)t^{\alpha-1} - (\alpha^2+\alpha)t + \alpha^2-3\alpha+2$$

$$\tag{14}$$

易知

$$f'(t) = 2\alpha(\alpha^2-3\alpha+2)t^{2\alpha-1} - (2\alpha-1)(\alpha^2+\alpha)t^{2\alpha-2} +$$
$$(\alpha+1)(2\alpha^3-3\alpha^2+\alpha)t^{\alpha} - \alpha(4\alpha^3-6\alpha^2-6\alpha+4)t^{\alpha-1} +$$
$$(\alpha-1)(2\alpha^3-3\alpha^2+\alpha)t^{\alpha-2} - (\alpha^2+\alpha)$$
$$f''(t) = 2\alpha(2\alpha-1)(\alpha^2-3\alpha+2)t^{2\alpha-2} -$$
$$(2\alpha-2)(2\alpha-1)(\alpha^2+\alpha)t^{2\alpha-3} +$$
$$\alpha(\alpha+1)(2\alpha^3-3\alpha^2+\alpha)t^{\alpha-1} -$$
$$\alpha(\alpha-1)(4\alpha^3-6\alpha^2-6\alpha+4)t^{\alpha-2} +$$
$$(\alpha-2)(\alpha-1)(2\alpha^3-3\alpha^2+\alpha)t^{\alpha-3}$$

或

46

$$f''(t) = \alpha(\alpha-1)(2\alpha-1)t^{\alpha-3}\big[2(\alpha-2)t^{\alpha+1} -$$
$$2(\alpha+1)t^{\alpha} + \alpha(\alpha+1)t^2 -$$
$$2(\alpha-2)(\alpha+1)t + (\alpha-2)(\alpha-1)\big] \quad (15)$$

再令

$$g(t) = 2(\alpha-2)t^{\alpha+1} - 2(\alpha+1)t^{\alpha} + \alpha(\alpha+1)t^2 -$$
$$2(\alpha-2)(\alpha+1)t + (\alpha-2)(\alpha-1) \quad (16)$$

则

$$f''(t) = \alpha(\alpha-1)(2\alpha-1)t^{\alpha-3}g(t) \quad (17)$$

且有

$$g'(t) = 2(\alpha-2)(\alpha+1)t^{\alpha} - 2\alpha(\alpha+1)t^{\alpha-1} +$$
$$2\alpha(\alpha+1)t - 2(\alpha-2)(\alpha+1)$$
$$g''(t) = 2(\alpha-2)\alpha(\alpha+1)t^{\alpha-1} - 2(\alpha-1)\alpha(\alpha+1)t^{\alpha-2} +$$
$$2\alpha(\alpha+1)$$
$$g'''(t) = 2(\alpha-2)(\alpha-1)\alpha(\alpha+1)t^{\alpha-2} -$$
$$2(\alpha-2)(\alpha-1)\alpha(\alpha+1)t^{\alpha-3}$$

或

$$g'''(t) = 2(\alpha-2)(\alpha-1)\alpha(\alpha+1)t^{\alpha-3}(t-1)$$
$$(18)$$

由于 $t > 1$，且当 $t \to 1^+$ 时，$g''(t)$，$g'(t)$，$g(t)$，$f''(t)$，$f'(t)$，$f(t)$ 均以 0 为极限，根据 α 的不同取值范围并反复运用函数单调性的判别法则，即可判别 $g'''(t)$，$g(t)$，$f''(t)$ 及 $f(t)$ 的符号，结果如表 1 所示：

47

表1

	$\alpha>2$	$1<\alpha<2$	$\dfrac{1}{2}<\alpha<1$	$0<\alpha<\dfrac{1}{2}$	$-1<\alpha<0$	$\alpha<-1$
$g'''(t)$	+	−	+	+	−	+
$g(t)$	+	−	+	+	−	+
$f''(t)$	+	−	−	+	+	+
$f(t)$	+	−	−	+	+	−

由式（13）知,（11）（12）两式中的 $F(a,b,\alpha)$ 与 $f(t)$ 有相同的符号. 注意到 $b>a>0$,当 $\alpha>1$ 或 $-1<\alpha<0$ 时, $\dfrac{1}{\alpha(\alpha+1)(b^{\alpha-1}-a^{\alpha-1})}>0$;当 $0<\alpha<1$ 或 $\alpha<-1$ 时, $\dfrac{1}{\alpha(\alpha+1)(b^{\alpha-1}-a^{\alpha-1})}<0$,结合上面的表格,则由式（10）（11）知,当 $\alpha>2$ 或 $\alpha<\dfrac{1}{2}(\alpha\neq0,-1)$ 时,有式（1）

$$S_{弓}>\frac{2}{3}S_{\triangle APB}$$

当 $\dfrac{1}{2}<\alpha<2(\alpha\neq1)$ 时,有式（2）

$$S_{弓}<\frac{2}{3}S_{\triangle APB}$$

当 $\alpha=2$ 或 $\alpha=\dfrac{1}{2}$ 时, $y=x^{\alpha}$ 的图像为抛物线（或其一部分）,此时 $S_{弓}=\dfrac{2}{3}S_{\triangle APB}$,这正是阿基米德定理的结论.

还要指出的是,由 $y=x^{\alpha}(x>0,\alpha\neq0,1)$ 知 $x=y^{\frac{1}{\alpha}}$,故函数 $y=x^{\alpha}$ 的反函数为 $y=x^{\frac{1}{\alpha}}$,由于函数与其反函

数的图像关于直线 $y = x$ 对称,因此对幂函数 $y = x^{\alpha}$ 具有的性质满足不等式(1)(2)就更容易理解了.

定理 5.2 的证明如下.

设 A, B 两点的坐标分别为 $A(a, a^{\alpha}), B(b, b^{\alpha})$ $(b > a > 0)$. 显然 $k = \dfrac{b^{\alpha} - a^{\alpha}}{b - a}$. 由 $y = x^{\alpha}$ 知 $y' = \alpha x^{\alpha - 1}$,

$k_A = \alpha a^{\alpha - 1}, k_B = \alpha b^{\alpha - 1}$,易知 $\alpha = 2$ 时 $k_A + k_B = 2k$,此即第 1 章中所述阿基米德三角形三边的斜率关系式,故以下可设 $\alpha \neq 2$. 故

$$
\begin{aligned}
k_A + k_B - 2k &= \alpha(a^{\alpha - 1} + b^{\alpha - 1}) - 2\frac{b^{\alpha} - a^{\alpha}}{b - a} \\
&= \frac{1}{b - a}(\alpha a^{\alpha - 1} b + \alpha b^{\alpha} - \alpha a^{\alpha} - \alpha a b^{\alpha - 1} - 2b^{\alpha} + 2a^{\alpha}) \\
&= \frac{1}{b - a}[(\alpha - 2)b^{\alpha} - \alpha a b^{\alpha - 1} + \alpha a^{\alpha - 1} b - (\alpha - 2)a^{\alpha}] \\
&= \frac{a^{\alpha}}{b - a}\left[(\alpha - 2)\left(\frac{b}{a}\right)^{\alpha} - \alpha\left(\frac{b}{a}\right)^{\alpha - 1} + \alpha\frac{b}{a} - (\alpha - 2)\right]
\end{aligned}
$$

令 $\dfrac{b}{a} = x$,则 $x > 1$,且由上式知

$$
k_A + k_B - 2k = \frac{a^{\alpha}}{b - a}[(\alpha - 2)x^{\alpha} - \alpha x^{\alpha - 1} + \alpha x - (\alpha - 2)]
$$

$$(19)$$

再设 $f(x) = (\alpha - 2)x^{\alpha} - \alpha x^{\alpha - 1} + \alpha x - (\alpha - 2)(x > 1)$,则有

$$
\begin{aligned}
f'(x) &= \alpha(\alpha - 2)x^{\alpha - 1} - \alpha(\alpha - 1)x^{\alpha - 2} + \alpha \\
&= \alpha[(\alpha - 2)x^{\alpha - 1} - (\alpha - 1)x^{\alpha - 2} + 1] \\
f''(x) &= \alpha[(\alpha - 1)(\alpha - 2)x^{\alpha - 2} - \\
&\quad (\alpha - 1)(\alpha - 2)x^{\alpha - 3}]
\end{aligned}
$$

$$= \alpha(\alpha-1)(\alpha-2)x^{\alpha-3}(x-1)$$

注意到 $x>1$,故当 $0<\alpha<1$ 或 $\alpha>2$ 时,$f''(x)>0$;当 $\alpha<0$ 或 $1<\alpha<2$ 时,$f''(x)<0$. 从而当 $0<\alpha<1$ 或 $\alpha>2$ 时,$f'(x)$ 单调递增;当 $\alpha<0$ 或 $1<\alpha<2$ 时,$f'(x)$ 单调递减. 又 $\lim\limits_{x\to1^+}f'(x)=0$,故当 $0<\alpha<1$ 或 $\alpha>2$ 时,$f'(x)>0$,$f(x)$ 单调递增;当 $\alpha<0$ 或 $1<\alpha<2$ 时,$f'(x)<0$,$f(x)$ 单调递减,又 $\lim\limits_{x\to1^+}f(x)=0$,所以当 $0<\alpha<1$ 或 $\alpha>2$ 时,$f(x)>0$;当 $\alpha<0$ 或 $1<\alpha<2$ 时,$f(x)<0$. 因此由式(19)可知,对于幂函数 $y=x^{\alpha}$,当 $0<\alpha<1$ 或 $\alpha>2$ 时,$k_A+k_B>2k$;当 $\alpha<0$ 或 $1<\alpha<2$ 时,$k_A+k_B<2k$.

阿基米德定理的空间形式

我们在第 1 章证明阿基米德定理的过程中用到了引理 1.1,事实上在文献[2]中也将引理 1.1 称为阿基米德定理,也就是说,引理 1.1 和定理 1.1 可以视为一个整体.但从现代数学的观点来看,证明定理 1.1 可以不依赖引理 1.1,我们只需要根据抛物线方程与直线方程依次计算出阿基米德三角形的面积与抛物线弓形的面积即可验证阿基米德定理.

在这一章,我们分别考虑引理 1.1 及定理 1.1 的空间形式,也就是将阿基米德三角形的相关性质做出推广.

定理 6.1 设平面 π 与椭圆抛物面 Σ 的交线为封闭曲线 L(平面 π 与曲面 Σ 的轴不平行),A_1,A_2,A_3 为 L 上互异的三点,过此三点作曲面 Σ 的切平面交于点 P.若封闭曲线 L 在平面 π 内围成的区域为 D,D 的形心记为 M,则 MP 平行于曲面 Σ

的轴,且 MP 的中点 Q 在曲面 Σ 上,又 Σ 过点 Q 的切平面平行于平面 π.

定理 6.2 设平面 π 与椭圆抛物面 Σ 的交线为封闭曲线 L(平面 π 与曲面 Σ 的轴不平行),A_1,A_2,A_3 为 L 上互异的三点,过此三点作曲面 Σ 的切平面交于点 P. 若以 P 为顶点、曲线 L 为准线的锥体体积记为 $V_{锥}$,曲面 Σ 与平面 π 围成的立体的体积记为 $V_{抛}$,则有

$$V_{抛} = \frac{3}{4} V_{锥} \tag{1}$$

定理 6.1 的证明如下.

设椭圆抛物面 Σ 的方程为 $z = ax^2 + by^2$($a > 0,b > 0$),点 A_i 的坐标为 $(x_i,y_i,ax_i^2 + by_i^2)$($i = 1,2,3$),则曲面 Σ 在点 A_i 处的法向量为 $\boldsymbol{n}_i = (2ax_i,2by_i,-1)$,$\Sigma$ 过点 A_i 处的切平面方程为

$$2ax_i(x - x_i) + 2by_i(y - y_i) - (z - z_i) = 0$$

即

$$2ax_ix + 2by_iy - z = z_i \quad (i = 1,2,3)$$

解联立方程组

$$\begin{cases} 2ax_1x + 2by_1y - z = z_1 \\ 2ax_2x + 2by_2y - z = z_2 \\ 2ax_3x + 2by_3y - z = z_3 \end{cases}$$

得三个切平面交点 P 的坐标为

$$x = -\frac{\lambda_1}{2a\lambda_3},y = -\frac{\lambda_2}{2b\lambda_3},z = -\frac{1}{\lambda_3}(\lambda_1x_1 + \lambda_2y_1 + \lambda_3z_1)$$

其中

$$\lambda_1 = \begin{vmatrix} y_2 - y_1 & z_2 - z_1 \\ y_3 - y_1 & z_3 - z_1 \end{vmatrix},\lambda_2 = \begin{vmatrix} z_2 - z_1 & x_2 - x_1 \\ z_3 - z_1 & x_3 - x_1 \end{vmatrix}$$

$$\lambda_3 = \begin{vmatrix} x_2 - x_1 & y_2 - y_1 \\ x_3 - x_1 & y_3 - y_1 \end{vmatrix} \neq 0$$

设平面 π 的方程为 $Ax + By + Cz + D = 0\,(\,C \neq 0\,)$，因为平面 π 过点 $A_i\,(\,i = 1, 2, 3\,)$，因此平面 π 的方程也可表示为

$$\begin{vmatrix} x_1 & y_1 & z_1 & 1 \\ x_2 & y_2 & z_2 & 1 \\ x_3 & y_3 & z_3 & 1 \\ x & y & z & 1 \end{vmatrix} = 0$$

或

$$\begin{vmatrix} x_2 - x_1 & y_2 - y_1 & z_2 - z_1 \\ x_3 - x_1 & y_3 - y_1 & z_3 - z_1 \\ x - x_1 & y - y_1 & z - z_1 \end{vmatrix} = 0$$

即

$$\lambda_1(x - x_1) + \lambda_2(y - y_1) + \lambda_3(z - z_1) = 0$$

由此知 $A = \lambda_1, B = \lambda_2, C = \lambda_3, D = -(\lambda_1 x_1 + \lambda_2 y_1 + \lambda_3 z_1)$. 因此点 P 的坐标也可记为 $\left(-\dfrac{A}{2aC}, -\dfrac{B}{2bC}, \dfrac{D}{C} \right)$.

显然点 P 的坐标仅与平面 π 及曲面 Σ 有关.

由方程 $z = ax^2 + by^2$ 及 $z = -\dfrac{1}{C}(Ax + By + D)$ 得

$$ax^2 + by^2 + \frac{A}{C}x + \frac{B}{C}y + \frac{D}{C} = 0$$

或

$$a\left(x + \frac{A}{2aC} \right)^2 + b\left(y + \frac{B}{2bC} \right)^2 = \frac{1}{4C^2}\left(\frac{A^2}{a} + \frac{B^2}{b} - 4CD \right)$$

其中 $\dfrac{1}{4C^2}\left(\dfrac{A^2}{a}+\dfrac{B^2}{b}-4CD\right)\triangleq E>0.$

由前面的计算可知,区域 D 在 xOy 平面上的投影区域 D_0 为

$$D_0=\left\{(x,y)\ \middle|\ a\left(x+\dfrac{A}{2aC}\right)^2+b\left(y+\dfrac{B}{2bC}\right)^2\leqslant E\right\}$$

易知椭圆区域 D_0 的面积为

$$S_0=\dfrac{E}{\sqrt{ab}}\pi \tag{2}$$

由于平面 π 的法向量为 $\boldsymbol{n}_\pi=(A,B,C)$,故区域 D 的面积为

$$S=\iint\limits_{D}\mathrm{d}S=\dfrac{1}{|C|}\sqrt{A^2+B^2+C^2}\,S_0 \tag{3}$$

利用第一类曲面积分的计算方法知

$$\iint\limits_{D}x\mathrm{d}S=\dfrac{1}{|C|}\sqrt{A^2+B^2+C^2}\iint\limits_{D_0}x\mathrm{d}x\mathrm{d}y$$

$$=\dfrac{1}{|C|}\sqrt{A^2+B^2+C^2}\left[\iint\limits_{D_0}\left(x+\dfrac{A}{2aC}\right)\mathrm{d}x\mathrm{d}y-\iint\limits_{D_0}\dfrac{A}{2aC}\mathrm{d}x\mathrm{d}y\right]$$

由积分的对称性知 $\iint\limits_{D_0}\left(x+\dfrac{A}{2aC}\right)\mathrm{d}x\mathrm{d}y=0$,于是

$$\iint\limits_{D}x\mathrm{d}S=-\dfrac{A}{2aC|C|}\sqrt{A^2+B^2+C^2}\iint\limits_{D_0}\mathrm{d}x\mathrm{d}y$$

$$=-\dfrac{A}{2aC|C|}\sqrt{A^2+B^2+C^2}\,S_0$$

利用式(3),所以

$$\iint\limits_{D}x\mathrm{d}S=-\dfrac{A}{2aC}S$$

从而区域 D 的形心 M 的横坐标为

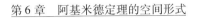

$$\bar{x} = \frac{\iint\limits_{D} x\,\mathrm{d}S}{\iint\limits_{D} \mathrm{d}S} = -\frac{-\dfrac{A}{2aC}S}{S} = -\frac{A}{2aC}$$

同理可知 M 的纵坐标为

$$\bar{y} = \frac{\iint\limits_{D} y\,\mathrm{d}S}{\iint\limits_{D} \mathrm{d}S} = -\frac{B}{2bC}$$

由于

$$\iint\limits_{D} z\,\mathrm{d}S = \iint\limits_{D} \frac{1}{C}(-Ax - By - D)\,\mathrm{d}S$$

$$= -\frac{A}{C}\iint\limits_{D} x\,\mathrm{d}S - \frac{B}{C}\iint\limits_{D} y\,\mathrm{d}S - \frac{D}{C}\iint\limits_{D} \mathrm{d}S$$

而 $\iint\limits_{D} x\,\mathrm{d}S = -\dfrac{A}{2aC}S, \iint\limits_{D} y\,\mathrm{d}S = -\dfrac{B}{2bC}S, \iint\limits_{D} \mathrm{d}S = S$，故形心 M
的 z 轴坐标为

$$\bar{z} = \frac{\iint\limits_{D} z\,\mathrm{d}S}{\iint\limits_{D} \mathrm{d}S} = \frac{1}{S}\left(\frac{A^2}{2aC^2}S + \frac{B^2}{2bC^2}S - \frac{D}{C}S\right)$$

$$= \frac{A^2}{2aC^2} + \frac{B^2}{2bC^2} - \frac{D}{C}$$

由此知形心 M 的坐标为

$$M\left(-\frac{A}{2aC}, -\frac{B}{2bC}, \frac{A^2}{2aC^2} + \frac{B^2}{2bC^2} - \frac{D}{C}\right)$$

又点 P 的坐标为 $P\left(-\dfrac{A}{2aC}, -\dfrac{B}{2bC}, \dfrac{D}{C}\right)$，因此直线 MP
平行于曲面 $z = ax^2 + by^2$ 的轴(z 轴).

易知 MP 的中点 Q 的坐标为

$$\left(-\frac{A}{2aC}, -\frac{B}{2bC}, \frac{A^2}{4aC^2} + \frac{B^2}{4bC^2} \right)$$

显然点 Q 在曲面 $z = ax^2 + by^2$ 上. 又曲面 Σ 在点 Q 处的法向量为

$$\boldsymbol{n}_Q = \left(2a\left(-\frac{A}{2aC} \right), 2b\left(-\frac{B}{2bC} \right), -1 \right)$$
$$= \left(-\frac{A}{C}, -\frac{B}{C}, -1 \right)$$

此向量与平面 π 的法向量 (A, B, C) 平行, 因此曲面 Σ 过点 Q 的切平面与平面 π 平行.

定理 6.2 的证明如下.

由于曲面 Σ 与平面 π 围成的立体在 xOy 面上的投影区域即为前述的 D_0, 故有

$$V_{抛} = \iint\limits_{D_0} \left[-\frac{1}{C}(Ax + By + D) - ax^2 - by^2 \right] \mathrm{d}x\mathrm{d}y$$
$$= \iint\limits_{D_0} \left[\frac{1}{4C^2}\left(\frac{A^2}{a} + \frac{B^2}{b} - 4CD \right) - a\left(x + \frac{A}{2aC} \right)^2 - b\left(y + \frac{B}{2bC} \right)^2 \right] \mathrm{d}x\mathrm{d}y$$
$$= \iint\limits_{D_0} \left[E - a\left(x + \frac{A}{2aC} \right)^2 - b\left(y + \frac{B}{2bC} \right)^2 \right] \mathrm{d}x\mathrm{d}y$$

其中 $D_0 = \left\{ (x,y) \,\middle|\, a\left(x + \frac{A}{2aC} \right)^2 + b\left(y + \frac{B}{2bC} \right)^2 \leqslant E \right\}$, 而

$$E = \frac{1}{4C^2}\left(\frac{A^2}{a} + \frac{B^2}{b} - 4CD \right).$$

令 $\sqrt{a}\left(x + \frac{A}{2aC} \right) = x'$, $\sqrt{b}\left(y + \frac{B}{2bC} \right) = y'$, 则

$$V_{抛} = \iint\limits_{D'} \frac{1}{\sqrt{ab}}(E - x'^2 - y'^2)\mathrm{d}x'\mathrm{d}y'$$

其中 $D' = \{(x',y') \mid x'^{2} + y'^{2} \leqslant E\}$.

再令 $x' = r\cos\theta, y' = r\sin\theta(0 < r < +\infty, 0 \leqslant \theta \leqslant 2\pi)$, 则

$$V_{\text{抛}} = \frac{1}{\sqrt{ab}} \int_0^{2\pi} \mathrm{d}\theta \int_0^{\sqrt{E}} (E - r^2) r\mathrm{d}r$$

即

$$V_{\text{抛}} = \frac{\pi}{2\sqrt{ab}} E^2 \qquad\qquad (4)$$

点 P 到平面 π 的距离为

$$d = \frac{\left| A\left(-\dfrac{A}{2aC}\right) + B\left(-\dfrac{B}{2bC}\right) + C \cdot \dfrac{D}{C} + D \right|}{\sqrt{A^2 + B^2 + C^2}}$$

$$= \frac{\left| \dfrac{A^2}{a} + \dfrac{B^2}{b} - 4CD \right|}{2|C|\sqrt{A^2 + B^2 + C^2}}$$

$$= \frac{2|C|E}{\sqrt{A^2 + B^2 + C^2}}$$

以点 P 为顶点、曲线 L 为准线的锥体的底面面积即区域 D 的面积 S, 由式(2)(3)知

$$S = \frac{1}{|C|}\sqrt{A^2 + B^2 + C^2} \cdot \frac{\pi}{\sqrt{ab}} E$$

故有

$$V_{\text{锥}} = \frac{1}{3}Sd = \frac{1}{3} \cdot \frac{1}{|C|}\sqrt{A^2 + B^2 + C^2} \cdot$$

$$\frac{\pi}{\sqrt{ab}} E \cdot \frac{2|C|E}{\sqrt{A^2 + B^2 + C^2}}$$

即

$$V_{\text{锥}} = \frac{2}{3} \cdot \frac{\pi}{\sqrt{ab}}E^2 \qquad (5)$$

由式(4)(5),得式(1)

$$V_{\text{抛}} = \frac{3}{4}V_{\text{锥}}$$

定理 6.2 证毕.

与麦比乌斯定理相关的几个问题

分别过抛物线内接 $\triangle ABC$ 的顶点作切线, 设它们分别交于 A', B', C', 若用 S 表示面积, 则

$$S_{\triangle A'B'C'} = \frac{1}{2} S_{\triangle ABC} \qquad (1)$$

这个结论是麦比乌斯 (Möbius) 于 1827 年得到的, 它被称为抛物线的麦比乌斯定理(Möbius' theorem of the parabola).

式(1)的证明并不困难, 可以借助于抛物线 $y^2 = 2px$ 的参数方程, 利用三角形的面积公式 (行列式形式), 通过计算即可验证, 读者可以参阅文献[6].

与第 2 章、第 3 章的内容相仿, 这一章我们也将麦比乌斯定理类比到双曲线、椭圆以及三次多项式曲线, 所得结论如下.

定理 7.1 分别过双曲线 (其中一支) 内接 $\triangle ABC$ 的顶点作切线, 设它们分

59

别交于 A', B', C',若用 S 表示面积,则有

$$S_{\triangle A'B'C'} < \frac{1}{2} S_{\triangle ABC} \qquad (2)$$

定理 7.2　分别过椭圆的劣弧[①]内接 $\triangle ABC$ 的顶点作切线,设它们分别交于 A', B', C',若用 S 表示面积,则有

$$S_{\triangle A'B'C'} > \frac{1}{2} S_{\triangle ABC} \qquad (3)$$

定理 7.3　设 A, B, C 是曲线 $y = a_0 x^3 + a_1 x^2 + a_2 x + a_3 (a_0 \neq 0)$ 的凹弧(或凸弧)上的不同三点,过此三点分别作曲线的切线,这些切线分别相交于点 A', B', C',若用 S 表示面积,则

$$S_{\triangle A'B'C'} < \frac{1}{2} S_{\triangle ABC} \qquad (4)$$

定理 7.1 的证明如下.

首先考虑曲线 $y = \frac{1}{x}(x > 0, y > 0)$.

如图 1 所示,设 A, B, C 的坐标分别为 $A\left(a, \frac{1}{a}\right)$, $B\left(b, \frac{1}{b}\right), C\left(c, \frac{1}{c}\right)(0 < a < b < c)$,则

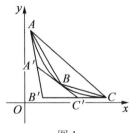

图 1

① 同第 10 页注释①.

$$S_{\triangle ABC} = \frac{1}{2} \begin{vmatrix} a & \dfrac{1}{a} & 1 \\ b & \dfrac{1}{b} & 1 \\ c & \dfrac{1}{c} & 1 \end{vmatrix} = \frac{1}{2abc}(b-a)(c-a)(c-b)$$

$$(5)$$

由 $y = \dfrac{1}{x}$ 知 $y' = -\dfrac{1}{x^2}$，故 $y = \dfrac{1}{x}$ 过点 A, B, C 的切

线方程分别为

$$y = -\frac{1}{a^2}x + \frac{2}{a}$$

$$y = -\frac{1}{b^2}x + \frac{2}{b}$$

$$y = -\frac{1}{c^2}x + \frac{2}{c}$$

解此联立方程组可求得交点 A', B', C' 的坐标分别为

$$A'\left(\frac{2ab}{a+b}, \frac{2}{a+b}\right), B'\left(\frac{2ca}{c+a}, \frac{2}{c+a}\right), C'\left(\frac{2bc}{b+c}, \frac{2}{b+c}\right)$$

故

$$S_{\triangle A'B'C'} = \frac{1}{2} \begin{vmatrix} \dfrac{2ab}{a+b} & \dfrac{2}{a+b} & 1 \\ \dfrac{2ca}{c+a} & \dfrac{2}{c+a} & 1 \\ \dfrac{2bc}{b+c} & \dfrac{2}{b+c} & 1 \end{vmatrix}$$

$$= \frac{2}{(a+b)(b+c)(c+a)} \begin{vmatrix} ab & 1 & a+b \\ ca & 1 & c+a \\ bc & 1 & b+c \end{vmatrix}$$

$$= \frac{2(b-a)(c-a)(c-b)}{(a+b)(b+c)(c+a)} \quad (6)$$

由式(5)(6)知

$$\frac{S_{\triangle ABC}}{S_{\triangle A'B'C'}} = \frac{(a+b)(b+c)(c+a)}{4abc}$$

由于 $0 < a < b < c$,故

$$a + b > 2\sqrt{ab}, b + c > 2\sqrt{bc}, c + a > 2\sqrt{ca}$$

所以 $(a+b)(b+c)(c+a) > 8abc$,因此有式(2)

$$S_{\triangle A'B'C'} < \frac{1}{2} S_{\triangle ABC}$$

故当双曲线方程为 $xy = 1$ 时不等式(2)成立.

同第 2 章中定理 2.1 证明中的讨论类似,利用坐标变换及其性质,同样可知,定理 7.1 中的不等式(2)对于双曲线 $\dfrac{x^2}{m^2} - \dfrac{y^2}{n^2} = 1(m > 0, n > 0)$ 也成立.

定理 7.2 的证明如下.

首先考虑椭圆为单位圆 $x^2 + y^2 = 1$ 的情形.

如图 2 所示,由圆的对称性,可设 A, B 的坐标分别为 $A(x_1, y_1), B(x_1, -y_1)$,点 C 的坐标为 $C(x_0, y_0)$,其中 $0 < x_1 < x_0 \leqslant 1, 0 < y_1 < 1$.

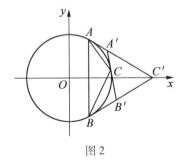

图 2

易知

$$S_{\triangle ABC} = (x_0 - x_1) y_1 \tag{7}$$

又过点 A, B, C 的切线方程分别为

$$x_1 x + y_1 y = 1$$

$$x_1 x - y_1 y = 1$$

$$x_0 x + y_0 y = 1$$

解此联立方程组可得交点 A', B', C' 的坐标分别为

$$A'\left(\frac{y_1 - y_0}{x_0 y_1 - x_1 y_0}, \frac{x_0 - x_1}{x_0 y_1 - x_1 y_0}\right), B'\left(\frac{y_1 + y_0}{x_0 y_1 + x_1 y_0}, \frac{x_1 - x_0}{x_0 y_1 + x_1 y_0}\right), C'\left(\frac{1}{x_1}, 0\right)$$

从而有

$$S_{\triangle A'B'C'} = \frac{1}{2}\begin{vmatrix} \dfrac{y_1 - y_0}{x_0 y_1 - x_1 y_0} & \dfrac{x_0 - x_1}{x_0 y_1 - x_1 y_0} & 1 \\[3mm] \dfrac{y_1 + y_0}{x_0 y_1 + x_1 y_0} & \dfrac{x_1 - x_0}{x_0 y_1 + x_1 y_0} & 1 \\[3mm] \dfrac{1}{x_1} & 0 & 1 \end{vmatrix}$$

$$= \frac{x_0 - x_1}{2(x_0^2 y_1^2 - x_1^2 y_0^2)}\begin{vmatrix} y_1 - y_0 & 1 & x_0 y_1 - x_1 y_0 \\[2mm] y_1 + y_0 & -1 & x_0 y_1 + x_1 y_0 \\[2mm] \dfrac{1}{x_1} & 0 & 1 \end{vmatrix}$$

$$= \frac{b_1 (x_0 - x_1)^2}{x_1 (x_0^2 y_1^2 - x_1^2 y_0^2)}$$

由于 $x_0^2 y_1^2 - x_1^2 y_0^2 = x_0^2 (1 - x_1^2) - x_1^2 (1 - x_0^2) = x_0^2 - x_1^2$，故

$$S_{\triangle A'B'C'} = \frac{y_1 (x_0 - x_1)}{x_1 (x_0 + x_1)} \tag{8}$$

由式（7）（8）知

$$\frac{S_{\triangle ABC}}{S_{\triangle A'B'C'}} = x_1(x_0 + x_1)$$

因为 $x_1 < x_0 \leqslant 1$，所以 $x_1(x_0 + x_1) < 2$，从而

$$S_{\triangle A'B'C'} > \frac{1}{2} S_{\triangle ABC}$$

因此当椭圆为单位圆 $x^2 + y^2 = 1$ 时，不等式(3)成立.

同第 2 章中定理 2.2 证明中的讨论类似，利用坐标变换及其性质可知，定理 7.2 中的不等式(3)对于椭圆 $\dfrac{x^2}{m^2} + \dfrac{y^2}{n^2} = 1(m > 0, n > 0)$ 也成立.

还要说明的是，当椭圆的内接三角形的三个顶点位于椭圆的优弧上时，$\triangle ABC$ 与 $\triangle A'B'C'$ 的面积有关系式

$$S_{\triangle A'B'C'} \geqslant 4 S_{\triangle ABC} \tag{9}$$

证明过程留给读者去完成.

定理 7.3 的证明如下.

首先考虑三次曲线 $y = x^3 + px$. 易知原点 $O(0,0)$ 为 $y = x^3 + px$ 的拐点亦即曲线凹、凸的分界点. 由于 $y = x^3 + px$ 关于点 $O(0,0)$ 为中心对称，因此只需考虑曲线 $y = x^3 + px$ 当 $x \geqslant 0$ 的情形，此时曲线弧为凸的（向下凸）.

如图 3 所示，设 $A(a, a^3 + pa)$，$B(b, b^3 + pb)$，$C(c, c^3 + pc)$ 为 $y = x^3 + px$ 上不同的三点 $(0 \leqslant a < b < c)$，则

$$S_{\triangle ABC} = \frac{1}{2}\begin{vmatrix} a & a^3 + pa & 1 \\ b & b^3 + pb & 1 \\ c & c^3 + pc & 1 \end{vmatrix} = \frac{1}{2}\begin{vmatrix} a & a^3 & 1 \\ b & b^3 & 1 \\ c & c^3 & 1 \end{vmatrix}$$

$$= \frac{1}{2} \begin{vmatrix} a & a^3 & 1 \\ b-a & b^3-a^3 & 0 \\ c-a & c^3-a^3 & 0 \end{vmatrix}$$

$$= \frac{1}{2} \left[(b-a)(c^3-a^3) - (c-a)(b^3-a^3) \right]$$

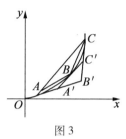

图 3

整理上式右端,即得

$$S_{\triangle ABC} = \frac{1}{2}(b-a)(c-a)(c-b)(a+b+c) \quad (10)$$

由于 $y' = 3x^2 + p$,故 $y = x^3 + px$ 过 A, B, C 三点的切线方程分别为

$$y = (3a^2 + p)x - 2a^3$$

$$y = (3b^2 + p)x - 2b^3$$

$$y = (3c^2 + p)x - 2c^3$$

解此联立方程组可得 $y = x^3 + px$ 过点 A, B, C 的三条切线的交点坐标分别为

$$A'\left(\frac{2}{3} \cdot \frac{a^2+ab+b^2}{a+b}, \frac{2}{3} \cdot \frac{p(a^2+ab+b^2)}{a+b} + \frac{2a^2b^2}{a+b} \right)$$

$$B'\left(\frac{2}{3} \cdot \frac{c^2+ca+a^2}{c+a}, \frac{2}{3} \cdot \frac{p(c^2+ca+a^2)}{c+a} + \frac{2c^2a^2}{c+a} \right)$$

$$C'\left(\frac{2}{3} \cdot \frac{b^2+bc+c^2}{b+c}, \frac{2}{3} \cdot \frac{p(b^2+bc+c^2)}{b+c} + \frac{2b^2c^2}{b+c} \right)$$

从而

$$S_{\triangle A'B'C'} = \frac{1}{2} \begin{vmatrix} \dfrac{2}{3} \cdot \dfrac{a^2+ab+b^2}{a+b} & \dfrac{2}{3} \cdot \dfrac{p(a^2+ab+b^2)}{a+b} + \dfrac{2a^2b^2}{a+b} & 1 \\[3mm] \dfrac{2}{3} \cdot \dfrac{c^2+ca+a^2}{c+a} & \dfrac{2}{3} \cdot \dfrac{p(c^2+ca+a^2)}{c+a} + \dfrac{2c^2a^2}{c+a} & 1 \\[3mm] \dfrac{2}{3} \cdot \dfrac{b^2+bc+c^2}{b+c} & \dfrac{2}{3} \cdot \dfrac{p(b^2+bc+c^2)}{b+c} + \dfrac{2b^2c^2}{b+c} & 1 \end{vmatrix}$$

$$= \frac{2}{3(a+b)(b+c)(c+a)} \begin{vmatrix} a^2+ab+b^2 & a^2b^2 & a+b \\ c^2+ca+a^2 & c^2a^2 & c+a \\ b^2+bc+c^2 & b^2c^2 & b+c \end{vmatrix}$$

由于

$$\begin{vmatrix} a^2+ab+b^2 & a^2b^2 & a+b \\ c^2+ca+a^2 & c^2a^2 & c+a \\ b^2+bc+c^2 & b^2c^2 & b+c \end{vmatrix}$$

$$= \begin{vmatrix} a^2+ab+b^2 & a^2b^2 & a+b \\ c^2+ca-b^2-ab & c^2a^2-a^2b^2 & c-b \\ c^2+bc-a^2-ab & b^2c^2-a^2b^2 & c-a \end{vmatrix}$$

$$= (c-a)(c-b) \begin{vmatrix} a^2+ab+b^2 & a^2b^2 & a+b \\ a+b+c & a^2(b+c) & 1 \\ a+b+c & b^2(c+a) & 1 \end{vmatrix}$$

$$= (c-a)(c-b) \begin{vmatrix} a^2+ab+b^2 & a^2b^2 & a+b \\ a+b+c & a^2(b+c) & 1 \\ 0 & b^2(c+a)-a^2(b+c) & 0 \end{vmatrix}$$

$$= (c-a)(c-b)\left[a^2(b+c)-b^2(c+a) \right] \cdot$$

$$\left[a^2+ab+b^2-(a+b)(a+b+c) \right]$$

$$= (b-a)(c-a)(c-b)(ab+bc+ca)^2$$

66

故

$$S_{\triangle A'B'C'} = \frac{2}{3} \cdot \frac{(b-a)(c-a)(c-b)}{(a+b)(b+c)(c+a)}(ab+bc+ca)^2$$

$$(11)$$

由式(10)(11)知

$$\frac{S_{\triangle A'B'C'}}{S_{\triangle ABC}} = \frac{\dfrac{2}{3} \cdot \dfrac{(b-a)(c-a)(c-b)}{(a+b)(b+c)(c+a)}(ab+bc+ca)^2}{\dfrac{1}{2}(b-a)(c-a)(c-b)(a+b+c)}$$

即有

$$\frac{S_{\triangle A'B'C'}}{S_{\triangle ABC}} = \frac{4}{3} \cdot \frac{(ab+bc+ca)^2}{(a+b)(b+c)(c+a)(a+b+c)}$$

$$(12)$$

经计算知

$$(a+b)(b+c)(c+a)(a+b+c)$$
$$= a(b^3+c^3)+b(c^3+a^3)+c(a^3+b^3)+$$
$$2a^2b^2+2b^2c^2+2c^2a^2+4abc(a+b+c)$$
$$(ab+bc+ca)^2 = a^2b^2+b^2c^2+c^2a^2+2abc(a+b+c)$$

由式(12)知不等式(3)等价于

$$3(a+b)(b+c)(c+a)(a+b+c) > 8(ab+bc+ca)^2$$

亦即

$$3[a(b^3+c^3)+b(c^3+a^3)+c(a^3+b^3)+$$
$$2a^2b^2+2b^2c^2+2c^2a^2+4abc(a+b+c)]$$
$$> 8(a^2b^2+b^2c^2+c^2a^2)+16abc(a+b+c)$$

或

$$3[a(b^3+c^3)+b(c^3+a^3)+c(a^3+b^3)]$$
$$> 2(a^2b^2+b^2c^2+c^2a^2)+4abc(a+b+c) \quad (13)$$

由于 $a^3b+ab^3 > 2a^2b^2$，$b^3c+bc^3 > 2b^2c^2$，c^3a+

$ca^3 > 2c^2a^2$,故式(13)左端 $> 6(a^2b^2 + b^2c^2 + c^2a^2)$. 又 $a^2b^2 + b^2c^2 > 2ab^2c$, $b^2c^2 + c^2a^2 > 2abc^2$, $c^2a^2 + a^2b^2 > 2a^2bc$, 所以

$$2(a^2b^2 + b^2c^2 + c^2a^2) > 2abc(a + b + c)$$

或

$$4(a^2b^2 + b^2c^2 + c^2a^2) > 4abc(a + b + c)$$

因此

$$6(a^2b^2 + b^2c^2 + c^2a^2) > 2(a^2b^2 + b^2c^2 + c^2a^2) + 4abc(a + b + c)$$

由此知不等式(13)成立,从而对于曲线 $y = x^3 + px$,不等式(3)成立.

同第 3 章中定理 3.1 证明中的讨论类似,利用坐标变换及其性质,同样可知,定理 7.3 中的不等式(3)对于三次曲线 $y = a_0x^3 + a_1x^2 + a_2x + a_3 (a_0 \neq 0)$ 也成立.

三阶可导函数的若干性质及应用

在第 5 章里我们介绍了幂函数 $y = x^{\alpha}$ 的阿基米德三角形三边的斜率关系,本章我们将利用三阶可导函数的若干性质在更广的范围讨论类似问题,并进一步说明这些性质的应用.

定理 8.1 设函数 $f(x)$ 在区间 I 上三阶可导,$a,b \in I$ 且 $b > a$.

(i) 若在 I 上 $f'''(x) > 0$,则

$$2[f(b) - f(a)] < (b-a)[f'(b) + f'(a)] \tag{1}$$

(ii) 若在 I 上 $f'''(x) = 0$,则

$$2[f(b) - f(a)] = (b-a)[f'(b) + f'(a)] \tag{2}$$

(iii) 若在 I 上 $f'''(x) < 0$,则

$$2[f(b) - f(a)] > (b-a)[f'(b) + f'(a)] \tag{3}$$

不等式(1)的证明如下.

令 $\varphi(b) = 2f(b) - 2f(a) - (b-a)[f'(b) + f'(a)]$,则

$$\varphi'(b) = 2f'(b) - f'(b) - f'(a) - (b-a)f''(b)$$
$$= f'(b) - f'(a) - (b-a)f''(b)$$

因 $f(x)$ 三阶可导,故 $f'(x)$, $f''(x)$ 在 I 上连续,由拉格朗日(Lagrange)中值定理知

$$f'(b) - f'(a) = (b-a)f''(\xi) \quad (a < \xi < b)$$

由此知

$$\varphi'(b) = (b-a)[f''(\xi) - f''(b)] \qquad (4)$$

由于 $f'''(x) > 0$,故 $f''(x)$ 单调递增,从而有 $f''(\xi) - f''(b) < 0$, $\varphi'(b) < 0$, $\varphi(b)$ 单调递减. 又 $\varphi(a) = 0$,因此当 $b > a$ 时,$\varphi(b) < 0$,即有式(1)

$$2[f(b) - f(a)] < (b-a)[f'(b) + f'(a)]$$

注 不等式(1)成立的条件可简化为 $f''(x)$ 在 I 上单调递增.

等式(2)的证明如下.

仍令 $\varphi(b) = 2f(b) - 2f(a) - (b-a)[f'(b) + f'(a)]$. 由于 $f'''(x) = 0$,故 $f''(x) = C$(常数). 同不等式(1)的证明知式(4)

$$\varphi'(b) = (b-a)[f''(\xi) - f''(b)]$$

由于 $f''(x) = C$,故 $\varphi'(b) = 0$, $\varphi(b)$ 为常数. 又 $\varphi(a) = 0$,因此 $\varphi(b) \equiv 0$,即式(2)

$$2[f(b) - f(a)] = (b-a)[f'(b) - f'(a)]$$

类似于不等式(1)的证明可证不等式(3)成立,证明过程在这里略去.

还要说明的是,由于 $b > a$,故不等式(1)等价于

$$2\frac{f(b)-f(a)}{b-a}<f'(a)+f'(b)$$

因此式(1)有明显的几何意义:若曲线 $y=f(x)$ 上过 $A(a,f(a))$,$B(b,f(b))$ 两点弦的斜率为 k,曲线过点 A,B 所作切线的斜率分别为 k_A,k_B,则当 $f'''(x)>0$ 时,有

$$2k<k_A+k_B \tag{5}$$

同样由(2)(3)两式可知,当 $f'''(x)=0$ 时,有

$$2k=k_A+k_B \tag{6}$$

当 $f'''(x)<0$ 时,有

$$2k>k_A+k_B \tag{7}$$

为了说明定理 8.1 的应用,我们再介绍曲线内接三角形与对应外切三角形的概念.

设 A,B,C 为曲线 $y=f(x)$ 上互异的三点,分别过 A,B,C 作曲线的切线,若此三条切线两两相交于 A',B',C',则 $\triangle ABC$ 称为曲线 $y=f(x)$ 的内接三角形,而 $\triangle A'B'C'$ 称为与 $\triangle ABC$ 对应的外切三角形.

下面通过实例说明定理 8.1 的应用.

例 1 证明第 5 章中的定理 5.2.

证明 由 $y=x^{\alpha}(\alpha\neq0,1,x>0)$ 知

$$y'=\alpha x^{\alpha-1},y''=\alpha(\alpha-1)x^{\alpha-2},y'''=\alpha(\alpha-1)(\alpha-2)x^{\alpha-3}$$

故当 $0<\alpha<1$ 或 $\alpha>2$ 时,$y'''>0$,当 $\alpha<0$ 或 $1<\alpha<2$ 时,$y'''<0$,因此由(5)(7)两式可知,当 $0<\alpha<1$ 或 $\alpha>2$时,有

$$k_A+k_B>2k$$

当 $\alpha<0$ 或 $1<\alpha<2$ 时,有

$$k_A+k_B<2k$$

此即定理 5.2 中的两个结论.

例2 若 k_A,k_B 及 k 所表示的意义如前所述,对于函数 $y=\ln x,y=e^x$ 均有 $k_A+k_B>2k$,试证明之.

证明 由 $y=\ln x$ 知 $y'=\dfrac{1}{x},y''=-\dfrac{1}{x^2},y'''=\dfrac{2}{x^3}$;由 $y=e^x$ 知 $y'=y''=y'''=e^x$,因此对 $y=\ln x(x>0),y=e^x$ 均有 $y'''>0$,从而由式(5)可知

$$k_A+k_B>2k$$

例3 证明:抛物线 $y=a_0x^2+a_1x+a_2(a_0\neq0)$ 的内接三角形三边斜率之和与其对应的外切三角形三边斜率之和相等.

证明 设曲线 $y=f(x)=a_0x^2+a_1x+a_2$ 的内接 $\triangle ABC$ 的顶点坐标分别为 $A(a,f(a)),B(b,f(b)),C(c,f(c))(a<b<c)$,由于 $y'''=f'''(x)=0$,故由式(2)知

$$2[f(b)-f(a)]=(b-a)[f'(b)+f'(a)]$$

若用 k_{AB} 与 k_A 分别表示弦 AB 与曲线过点 A 的切线的斜率,则由上式可得

$$2\cdot\frac{f(b)-f(a)}{b-a}=f'(b)+f'(a)$$

此即

$$2k_{AB}=k_A+k_B$$

同理有

$$2k_{BC}=k_B+k_C,2k_{CA}=k_C+k_A$$

三式相加并且两边同时除以2,即得

$$k_{AB}+k_{BC}+k_{CA}=k_A+k_B+k_C \qquad(8)$$

式(8)表明:抛物线内接三角形三边的斜率之和与其对应的外切三角形三边斜率之和相等.

例 4　证明:椭圆弧 $y = \dfrac{q}{p}\sqrt{p^2 - x^2}$（$p > 0, q > 0$,

$0 < x < p$）的内接三角形三边斜率之和大于其对应的外切三角形三边斜率之和.

证明　设曲线弧 $y = f(x) = \dfrac{q}{p}\sqrt{p^2 - x^2}$（$0 < x < p$）

的内接 $\triangle ABC$ 的顶点坐标分别为 $A(a, f(a))$,
$B(b, f(b))$, $C(c, f(c))$（$0 < a < b < c < p$）,由于

$$y' = -\frac{q}{p} \cdot \frac{x}{\sqrt{p^2 - x^2}}$$

$$y'' = -pq \cdot \frac{1}{(p^2 - x^2)^{\frac{3}{2}}}$$

$$y''' = -3pq \cdot \frac{x}{(p^2 - x^2)^{\frac{5}{2}}} < 0$$

故由式(3)可知

$$2[f(b) - f(a)] > (b - a)[f'(b) + f'(a)]$$

仍用 k_{AB} 与 k_A 分别表示弦 AB 与曲线过点 A 的切线的斜率,则由上式知

$$2k_{AB} > k_A + k_B$$

同理有

$$2k_{BC} > k_B + k_C$$

$$2k_{CA} > k_C + k_A$$

三式相加并且两边同时除以 2,即得

$$k_{AB} + k_{BC} + k_{CA} > k_A + k_B + k_C \qquad (9)$$

式(9)表明:椭圆 $\dfrac{x^2}{p^2} + \dfrac{y^2}{q^2} = 1$ 位于第一象限的弧段的内接三角形三边斜率之和大于其对应的外切三角形

73

三边斜率之和.

注 对于双曲线 $xy = m(m>0)$ 有类似的结论.

定理 8.1 除了在几何上的应用外,还有其他应用.

例5 设 $a \neq b$,证明

$$\frac{e^b - e^a}{b - a} < \frac{1}{2}(e^a + e^b) \tag{10}$$

证明 由对称性,不妨设 $b > a$. 考虑函数 $y = f(x) = e^x$,由于 $y' = y'' = y''' = e^x > 0$,故由不等式(1)知

$$2(e^b - e^a) > (b - a)(e^b + e^a)$$

由于 $b > a$,所以有式(10)

$$\frac{e^b - e^a}{b - a} < \frac{1}{2}(e^a + e^b)$$

若在式(10)中分别用 $\ln b, \ln a(b > a > 0)$ 代替式(10)中的 b, a,则有

$$\frac{b - a}{\ln b - \ln a} < \frac{1}{2}(a + b) \tag{11}$$

式(11)表明,两个正数的对数平均小于其算术平均.

例6 设 $0 < x < \dfrac{\pi}{2}$,证明

$$\tan x \ln \sin x > \frac{x}{2} - \frac{\pi}{4} \tag{12}$$

证明 考虑函数 $y = \ln \sin x$,由于

$$y' = (\ln \sin x)' = \frac{\cos x}{\sin x}, \quad y'' = -\frac{1}{\sin^2 x}$$

$$y''' = -(\sin^{-2} x)' = \frac{2\cos x}{\sin^3 x}$$

故当 $0 < x < \dfrac{\pi}{2}$ 时,$y''' > 0$,由不等式(1)知,当 $0 < x <$

$y < \dfrac{\pi}{2}$ 时,有

$$2(\ln \sin y - \ln \sin x) < (y - x)(\cot y + \cot x)$$

上式中令 $y \to \dfrac{\pi}{2} - 0$,则有

$$-2\ln \sin x < \left(\dfrac{\pi}{2} - x\right) \cdot \cot x$$

上式整理后即可得到式(12)

$$\tan x \ln \sin x > \dfrac{x}{2} - \dfrac{\pi}{4}$$

例 7　设 $b > a > 0$,证明

$$\dfrac{b\ln b - a\ln a}{b - a} > \dfrac{1}{2}\ln ab + 1 \qquad (13)$$

证明　当 $x > 0$ 时,考虑函数 $y = x\ln x$,由于 $y' = \ln x + 1, y'' = \dfrac{1}{x}, y''' = -\dfrac{1}{x^2} < 0$,故由不等式(3)知,当 $b > a > 0$ 时,有

$$2(b\ln b - a\ln a) > (b - a)(\ln b + 1 + \ln a + 1)$$

上式整理后即可得到式(13)

$$\dfrac{b\ln b - a\ln a}{b - a} > \dfrac{1}{2}\ln ab + 1$$

例 8　在锐角 $\triangle ABC$ 中,若 $A > B > C$,证明

$$\dfrac{\sin A - \sin B}{A - B} + \dfrac{\sin B - \sin C}{B - C} + \dfrac{\sin C - \sin A}{C - A} > 1 \qquad (14)$$

证明　考虑函数 $y = \sin x$,由于 $y' = \cos x, y'' = -\sin x, y''' = -\cos x$,故当 $0 < x < \dfrac{\pi}{2}$ 时,$y''' < 0$,由不等式(3)知

$$2(\sin A - \sin B) > (A - B)(\cos A + \cos B)$$

$$2(\sin B - \sin C) > (B - C)(\cos B + \cos C)$$

$$2(\sin A - \sin C) > (A - C)(\cos A + \cos C)$$

从而有

$$\frac{\sin A - \sin B}{A - B} > \frac{1}{2}(\cos A + \cos B)$$

$$\frac{\sin B - \sin C}{B - C} > \frac{1}{2}(\cos B + \cos C)$$

$$\frac{\sin A - \sin C}{A - C} > \frac{1}{2}(\cos A + \cos C)$$

以上三式相加可得

$$\frac{\sin A - \sin B}{A - B} + \frac{\sin B - \sin C}{B - C} + \frac{\sin C - \sin A}{C - A}$$

$$> \cos A + \cos B + \cos C$$

但 $\cos A + \cos B + \cos C = 1 + 4\sin\frac{A}{2}\sin\frac{B}{2}\sin\frac{C}{2} > 1$，所以有式(14)

$$\frac{\sin A - \sin B}{A - B} + \frac{\sin B - \sin C}{B - C} + \frac{\sin C - \sin A}{C - A} > 1$$

几个反问题

文献[7]在"抛物线的切线交点的性质"中提出了如下两个问题.

问题 1（平分性） 设 $P_1(x_1,y_1)$, $P_2(x_2,y_2)$ 是抛物线 $y=ax^2+bx+c$ 上任意两点, $P_0(x_0,y_0)$ 是曲线过 P_1 和 P_2 的两条切线的交点, 证明: P_0,P_1,P_2 三点的横坐标满足

$$x_0=\frac{1}{2}(x_1+x_2) \tag{1}$$

问题 2（唯一性） 证明: 在所有的可以展开为泰勒(Taylor)级数的解析函数 $y=f(x)$ 中, 仅有抛物线具有问题 1 的平分性.

注 这里的表述与文献[7]有所不同.

问题 1 的证明很简单, 如下所述.

由 $y=ax^2+bx+c$ 知 $y'=2ax+b$, 故 $y=ax^2+bx+c$ 过点 P_1 的切线方程为

$$y-(ax_1^2+bx_1+c)=(2ax_1+b)(x-x_1)$$

即

$$y=(2ax_1+b)x-ax_1^2+c$$

第 9 章

同理知曲线过点 P_2 的切线方程为
$$y = (2ax_2 + b)x - ax_2^2 + c$$
由此知
$$(2ax_1 + b)x - ax_1^2 + c = (2ax_2 + b)x - ax_2^2 + c$$
解得 $x = \dfrac{1}{2}(x_1 + x_2)$，此即两条切线交点 P_0 的横坐标，因此
$$x_0 = \frac{1}{2}(x_1 + x_2)$$

对于问题 2，我们一般称其为问题 1 的相反问题，简称反问题. 在这里就是，已知曲线的两条切线交点亦即曲线的阿基米德三角形顶点的横坐标，求曲线的方程. 文献[7]对问题 2 给出了解答，但我们在这里介绍更为简便的解法，而且不要求函数 $y = f(x)$ 是可以展开为泰勒级数的解析函数，在较弱的条件下即可给出解答.

曲线 $y = f(x)$ 过点 $P_1(x_1, f(x_1))$，$P_2(x_2, f(x_2))$ 的切线方程分别为
$$y - f(x_1) = f'(x_1)(x - x_1)$$
$$y - f(x_2) = f'(x_2)(x - x_2)$$
由此知两条切线交点的横坐标应满足以 x 为未知数的方程
$$f(x_2) - f(x_1) = [f'(x_1) - f'(x_2)]x + x_2 f'(x_2) - x_1 f'(x_1)$$
$$(2)$$

在式（2）中取 $x = x_0 = \dfrac{1}{2}(x_1 + x_2)$，可得
$$f(x_2) - f(x_1) = \frac{1}{2}[f'(x_1) - f'(x_2)](x_1 + x_2) +$$

$$x_2 f'(x_2) - x_1 f'(x_1)$$

上式整理后,有

$$2[f(x_2) - f(x_1)] = (x_2 - x_1)[f'(x_1) + f'(x_2)]$$

$$(3)$$

视 x_2 为变量,上式两边对 x_2 求导数,可得

$$2f'(x_2) = f'(x_1) + f'(x_2) + (x_2 - x_1)f''(x_2)$$

即

$$f'(x_2) = f'(x_1) + (x_2 - x_1)f''(x_2)$$

上式两边再对 x_2 求导数,可得

$$f''(x_2) = f''(x_2) + (x_2 - x_1)f'''(x_2)$$

由于 $x_1 \neq x_2$,故由上式知 $f'''(x_2) = 0$,再由 x_2 的任意性,所以 $f(x)$ 满足 $f'''(x) = 0$,从而 $f(x) = ax^2 + bx + c$,其中 a, b, c 为常数,因此 $y = f(x)$ 为二次多项式函数,其图像为抛物线.

在这里的证明中,我们仅要求 $y = f(x)$ 三阶可导即可.

下面再介绍问题 2 更简便的解法.

在式(3)中取 $x_2 = x$(变量),$x_1 = 0$,并设 $f(0) = c$,$f'(0) = b$,代入式(3)可得

$$2[f(x) - c] = x[f'(x) + b]$$

或

$$f'(x) - \frac{2}{x}f(x) = -\frac{2}{x}c - b$$

解此一阶线性微分方程

$$f(x) = e^{\int \frac{2}{x}dx}\left[\int e^{\int \frac{-2}{x}dx}\left(-\frac{2}{x}c - b\right)dx\right]$$

$$= x^2 \int \left(-\frac{2}{x^3}c - \frac{b}{x^2} \right) \mathrm{d}x$$

$$= x^2 \left(\frac{c}{x^2} + \frac{b}{x} + a \right)$$

故 $f(x) = ax^2 + bx + c$，其中 a,b,c 为常数.

下面的问题 3 及问题 4 是对问题 2 的拓展.

问题 3　设函数 $y = f(x)$ 有三阶连续函数，$P_1(x_1,y_1)$，$P_2(x_2,y_2)$ 是曲线 $y = f(x)$ 上的任意两点 $(x_1 \neq x_2)$，$P_0(x_0,y_0)$ 是曲线过 P_1 和 P_2 的两条切线的交点，若 α 为实数且

$$x_0 = \frac{\alpha - 1}{\alpha} \cdot \frac{x_2^\alpha - x_1^\alpha}{x_2^{\alpha-1} - x_1^{\alpha-1}} \quad (\alpha \neq 0,1) \qquad (4)$$

则

$$f(x) = C_0 x^\alpha + C_1 x + C_2 \qquad (5)$$

其中 C_0,C_1,C_2 为常数.

证明如下.

将切线交点横坐标 $x = x_0$ 代入式(2)，有

$$f(x_2) - f(x_1) = [f'(x_1) - f'(x_2)] \cdot \frac{\alpha - 1}{\alpha} \cdot \frac{x_2^\alpha - x_1^\alpha}{x_2^{\alpha-1} - x_1^{\alpha-1}} + $$
$$x_2 f'(x_2) - x_1 f'(x_1)$$

或

$$\alpha(x_2^{\alpha-1} - x_1^{\alpha-1})[f(x_2) - f(x_1)]$$
$$= (\alpha - 1)(x_2^\alpha - x_1^\alpha)[f'(x_1) - f'(x_2)] + $$
$$\alpha(x_2^{\alpha-1} - x_1^{\alpha-1})[x_2 f'(x_2) - x_1 f'(x)]$$

视 x_2 为变量，上式两边对 x_2 求导数，得

$$\alpha(\alpha - 1)x_2^{\alpha-2}[f(x_2) - f(x_1)] + \alpha(x_2^{\alpha-1} - x_1^{\alpha-1})f'(x_2)$$
$$= \alpha(\alpha - 1)x_2^{\alpha-1}[f'(x_1) - f'(x_2)] - $$

80

$$(\alpha - 1)(x_2^\alpha - x_1^\alpha)f''(x_2) +$$

$$\alpha(\alpha - 1)x_2^{\alpha-2}[x_2 f'(x_2) - x_1 f'(x_1)] +$$

$$\alpha(x_2^{\alpha-1} - x_1^{\alpha-1})[f'(x_2) + x_2 f''(x_2)]$$

即

$$\alpha(\alpha - 1)x_2^{\alpha-2}[f(x_2) - f(x_1)]$$

$$= \alpha(\alpha - 1)x_2^{\alpha-1}[f'(x_1) - f'(x_2)] -$$

$$(\alpha - 1)(x_2^\alpha - x_1^\alpha)f''(x_2) +$$

$$\alpha(\alpha - 1)x_2^{\alpha-2}[x_2 f'(x_2) - x_1 f'(x_1)] +$$

$$\alpha(x_2^{\alpha-1} - x_1^{\alpha-1})x_2 f''(x_2)$$

视 x_1 为变量,上式两边对 x_1 求导数,得

$$-\alpha(\alpha - 1)x_2^{\alpha-2}f'(x_1) = \alpha(\alpha - 1)x_2^{\alpha-1}f''(x_1) +$$

$$\alpha(\alpha - 1)x_1^{\alpha-1}f''(x_2) -$$

$$\alpha(\alpha - 1)x_2^{\alpha-2}[f'(x_1) +$$

$$x_1 f''(x_1)] -$$

$$\alpha(\alpha - 1)x_1^{\alpha-2}x_2 f''(x_2)$$

或者

$$x_2^{\alpha-1}f''(x_1) + x_1^{\alpha-1}f''(x_2) - x_2^{\alpha-2}x_1 f''(x_1) - x_1^{\alpha-2}x_2 f''(x_2) = 0$$

上式两边再对 x_1 求导数,得

$$x_2^{\alpha-1}f'''(x_1) + (\alpha - 1)x_1^{\alpha-2}f''(x_2) - x_2^{\alpha-2}f''(x_1) - x_2^{\alpha-2}x_1 \cdot$$

$$f'''(x_1) - (\alpha - 2)x_1^{\alpha-3}x_2 f''(x_2) = 0$$

上式两边再对 x_2 求导数,得

$$(\alpha - 1)x_2^{\alpha-2}f'''(x_1) + (\alpha - 1)x_1^{\alpha-2}f'''(x_2) - (\alpha - 2) \cdot$$

$$x_2^{\alpha-3}f''(x_1) - (\alpha - 2)x_2^{\alpha-3}x_1 f'''(x_1) - (\alpha - 2)x_1^{\alpha-3} \cdot$$

$$f''(x_2) - (\alpha - 2)x_1^{\alpha-3}x_2 f'''(x_2) = 0$$

由 $f'''(x)$ 的连续性,在上式中令 $x_1 \to x_2$,有

$$(\alpha - 1)x_2^{\alpha-2}f'''(x_2) + (\alpha - 1)x_2^{\alpha-2}f'''(x_2) - (\alpha - 2) \cdot$$

$x_2^{\alpha-3}f''(x_2) - (\alpha-2)x_2^{\alpha-2}f'''(x_2) - (\alpha-2)x_2^{\alpha-3}f''(x_2) - (\alpha-2)x_2^{\alpha-2}f'''(x_2) = 0$

即

$$2x_2^{\alpha-2}f'''(x_2) - 2(\alpha-2)x_2^{\alpha-3}f''(x_2) = 0$$

因为 x_2 的任意性,所以 $f(x)$ 应满足

$$xf'''(x) - (\alpha-2)f''(x) = 0$$

由此知

$$\frac{\mathrm{d}f''(x)}{f''(x)} = \frac{\alpha-2}{x}\mathrm{d}x$$

积分得

$$f''(x) = C_0'x^{\alpha-2} \quad (C_0' \text{ 为常数})$$

再积分两次,所以式(5)

$$f(x) = C_0x^{\alpha} + C_1x + C_2$$

其中 C_0, C_1, C_2 为常数.

特别地,在问题 3 中取 $\alpha = 2$,则 $x_0 = \dfrac{1}{2}(x_1 + x_2)$,此时 $f(x) = C_0x^2 + C_1x + C_2$,$f(x)$ 为二次多项式函数,即问题 2 的解.

又若在问题 3 中取 $\alpha = -1$,则 $x_0 = \dfrac{2x_1x_2}{x_1 + x_2}$,此时 $f(x) = \dfrac{C_0}{x} + C_1x + C_2$,而我们在第 2 章里双曲线 $y = f(x) = \dfrac{1}{x}$ 过点 $P_1(x_1, y_1)$,$P_2(x_2, y_2)$ 所作两条切线交点的横坐标正是 $\dfrac{2x_1x_2}{x_1 + x_2}$.

再若在问题 3 中取 $\alpha = 3$,则 $x_0 = \dfrac{2}{3}$ ·

$\dfrac{x_1^2 + x_1 x_2 + x_2^2}{x_1 + x_2}$, 此时 $f(x) = C_0 x^3 + C_1 x + C_2$, 而我们在第 3 章里已知三次曲线 $y = f(x) = x^3 + px$ 过点 $P_1(x_1, y_1), P_2(x_2, y_2)$ 所作两条切线交点的横坐标正

是 $\dfrac{2}{3} \cdot \dfrac{x_1^2 + x_1 x_2 + x_2^2}{x_1 + x_2}$.

问题 4　设函数 $y = f(x)$ 有三阶连续导数, $P_1(x_1, y_1), P_2(x_2, y_2)$ $(x_1 > 0, x_2 > 0, x_1 \neq x_2)$ 是曲线 $y = f(x)$ 上任意两点, $P_0(x_0, y_0)$ 是曲线过 P_1 和 P_2 的两条切线的交点, 若 r 为实数且

$$x_0 = \left[\frac{1}{2} (x_1^r + x_2^r) \right]^{\frac{1}{r}} \tag{6}$$

则

$$f(x) = C_0 x^{\frac{1}{2}(3r+1)} + C_1 x + C_2 \tag{7}$$

其中 C_0, C_1, C_2 为常数.

证明如下.

将切点横坐标 $x = x_0 = \left[\dfrac{1}{2} (x_1^r + x_2^r) \right]^{\frac{1}{r}}$ 代入式

(2), 并记 $\left[\dfrac{1}{2} (x_1^r + x_2^r) \right]^{\frac{1}{r}} = M_r$, 得

$$f'(x_2) = M_r \frac{x_2^{r-1}}{x_1^r + x_2^r} [f'(x_1) - f'(x_2)] - M_r \cdot f''(x_2) + f'(x_2) + x_2 f''(x_2)$$

即

$$M_r \frac{x_2^{r-1}}{x_1^r + x_2^r} [f'(x_1) - f'(x_2)] - M_r \cdot f''(x_2) + x_2 f''(x_2) = 0$$

上式两边对 x_1 求导数, 然后两边同除以 M_r, 再整理,

83

得

$$\frac{(1-r)x_1^{r-1}x_2^{r-1}}{(x_1^r+x_2^r)^2}[f'(x_1)-f'(x_2)]+$$

$$\frac{x_2^{r-1}}{x_1^r+x_2^r}f''(x_1)-\frac{x_1^{r-1}}{x_1^r+x_2^r}f''(x_2)=0$$

或

$$(1-r)x_1^{r-1}x_2^{r-1}[f'(x_1)-f'(x_2)]+$$

$$(x_1^r+x_2^r)x_2^{r-1}f''(x_1)-(x_1^r+x_2^r)x_1^{r-1}f''(x_2)=0$$

上式两边再对 x_2 求导数,得

$$-(1-r)^2x_1^{r-1}x_2^{r-2}[f'(x_1)-f'(x_2)]-$$

$$(1-r)x_1^{r-1}x_2^{r-1}f''(x_2)+$$

$$rx_2^{2r-2}f''(x_1)+(r-1)(x_1^r+x_2^r)x_2^{r-2}f''(x_1)-$$

$$rx_1^{r-1}x_2^{r-1}f''(x_2)-(x_1^r+x_2^r)x_1^{r-1}f'''(x_2)=0$$

由 $f'''(x)$ 的连续性,在上式中令 $x_1\to x_2$,得

$$-(1-r)x_2^{2r-2}f''(x_2)+rx_2^{2r-2}f''(x_2)+$$

$$2(r-1)x_2^{2r-2}f''(x_2)-rx_2^{2r-2}f''(x_2)-$$

$$2x_2^{2r-1}f'''(x_2)=0$$

此即

$$3(r-1)x_2^{2r-2}f''(x_2)-2x_2^{2r-1}f'''(x_2)=0$$

或

$$2x_2f'''(x_2)-3(r-1)f''(x_2)=0$$

由 x_2 的任意性,所以 $f(x)$ 应满足方程

$$2xf'''(x)-3(r-1)f''(x)=0$$

解此微分方程得式(7)

$$f(x_0)=C_0x^{\frac{1}{2}(3r+1)}+C_1x+C_2$$

其中 C_0,C_1,C_2 为常数.

84

特别地,在问题 4 中取 $r = 1$,则 $x_0 = \dfrac{1}{2}(x_1 + x_2)$,此即 $f(x) = C_0 x^2 + C_1 x + C_2$,$f(x)$ 为二次多项式函数,即问题 2 的解.

又若在问题 4 中取 $r = -1$,则 $x_0 = \dfrac{2x_1 x_2}{x_1 + x_2}$,此时 $f(x) = \dfrac{C_0}{x} + C_1 x + C_2$,而我们在第 2 章里双曲线 $y = f(x) = \dfrac{1}{x}$ 过点 $P_1(x_1, y_1), P_2(x_2, y_2)$ 所作两条切线交点的横坐标正是 $\dfrac{2x_1 x_2}{x_1 + x_2}$.

下面我们继续给出反问题的例子.

问题 5 设函数 $y = f(x)$ 有三阶连续导数,$P_1(x_1, y_1), P_2(x_2, y_2)(x_1 \neq x_2)$ 是曲线 $y = f(x)$ 上的任意两点,$P_0(x_0, y_0)$ 是曲线过 P_1 和 P_2 的两条切线的交点,若

$$x_0 = \frac{x_2 e^{x_2} - x_1 e^{x_1}}{e^{x_2} - e^{x_1}} - 1 \tag{8}$$

则

$$f(x) = C_0 e^x + C_1 x + C_2 \tag{9}$$

其中 C_0, C_1, C_2 为常数.

证明如下.

在式(2)中取 $x = x_0 = \dfrac{x_2 e^{x_2} - x_1 e^{x_1}}{e^{x_2} - e^{x_1}} - 1$,则有

$$
\begin{aligned}
f(x_2) - f(x_1) = &[f'(x_1) - f'(x_2)]\left(\frac{x_2 e^{x_2} - x_1 e^{x_1}}{e^{x_2} - e^{x_1}} - 1\right) + \\
& x_2 f'(x_2) - x_1 f'(x_1)
\end{aligned}
$$

或

$$(e^{x_2} - e^{x_1})[f(x_2) - f(x_1)]$$
$$= (x_2e^{x_2} - x_1e^{x_1} - e^{x_2} + e^{x_1})[f'(x_1) - f'(x_2)] +$$
$$(e^{x_2} - e^{x_1})[x_2f'(x_2) - x_1f'(x_1)]$$

视 x_2 为变量, 上式两边对 x_2 求导数, 得

$$e^{x_2}[f(x_2) - f(x_1)] + (e^{x_2} - e^{x_1})f'(x_2)$$
$$= x_2e^{x_2}[f'(x_1) - f'(x_2)] - (x_2e^{x_2} - x_1e^{x_1} - e^{x_2} + e^{x_1})f''(x_2) +$$
$$e^{x_2}[x_2f'(x_2) - x_1f'(x_1)] + (e^{x_2} - e^{x_1})[f'(x_2) + x_2f''(x_2)]$$

即

$$e^{x_2}[f(x_2) - f(x_1)] = x_2e^{x_2}f'(x_1) + (x_1e^{x_1} + e^{x_2} - e^{x_1})f''(x_2) -$$
$$x_1e^{x_2}f'(x_1) - x_2e^{x_1}f''(x_2)$$

上式两边对 x_1 求导数, 得

$$-e^{x_2}f'(x_1) = x_2e^{x_2}f''(x_1) + x_1e^{x_1}f''(x_2) - e^{x_2}f'(x_1) -$$
$$x_1e^{x_2}f''(x_1) - x_2e^{x_1}f''(x_2)$$

即

$$x_2e^{x_2}f''(x_1) + x_1e^{x_1}f''(x_2) - x_1e^{x_2}f''(x_1) - x_2e^{x_1}f''(x_2) = 0$$

或

$$(x_2 - x_1)e^{x_2}f''(x_1) = (x_2 - x_1)e^{x_1}f''(x_2)$$

由 $x_1 \neq x_2$ 知

$$e^{x_2}f''(x_1) = e^{x_1}f''(x_2)$$

上式两边再对 x_1 求导数, 得

$$e^{x_2}f'''(x_1) = e^{x_1}f''(x_2)$$

由 $f'''(x)$ 的连续性, 在上式中令 $x_1 \to x_2$, 则有

$$f'''(x_2) = f''(x_2)$$

故由 x_2 的任意性知 $y = f(x)$ 满足方程 $f'''(x) = f''(x)$, 解此方程可得式(9)

86

$$f(x) = C_0 e^x + C_1 x + C_2$$

其中 C_0, C_1, C_2 为常数.

问题 6　设 $y = f(x)$ 为三阶可导函数，$P_1(x_1, y_1)$，$P_2(x_2, y_2)$ $(x_1 \neq x_2)$ 是曲线 $y = f(x)$ 上的任意两点，$P_0(x_0, y_0)$ 是曲线过 P_1 和 P_2 的两条切线的交点，若

$$x_0 = x_1 x_2 \frac{\ln x_2 - \ln x_1}{x_2 - x_1} \tag{10}$$

则

$$f(x) = C_0 \ln x + C_1 x + C_2 \tag{11}$$

其中 C_0, C_1, C_2 为常数.

证明如下.

在式（2）中取 $x = x_0 = x_1 x_2 \dfrac{\ln x_2 - \ln x_1}{x_2 - x_1}$，则有

$$f(x_2) - f(x_1) = [f'(x_1) - f'(x_2)] \cdot x_1 x_2 \frac{\ln x_2 - \ln x_1}{x_2 - x_1} + x_2 f'(x_2) - x_1 f'(x_1)$$

或

$$(x_2 - x_1)[f(x_2) - f(x_1)] = x_1 x_2 \ln \frac{x_2}{x_1}[f'(x_1) - f'(x_2)] + (x_2 - x_1)[x_2 f'(x_2) - x_1 f'(x_1)]$$

视 x_2 为变量，上式两边对 x_2 求导数，可得

$$f(x_2) - f(x_1) + (x_2 - x_1) f'(x_2)$$
$$= x_1 \ln \frac{x_2}{x_1}[f'(x_1) - f'(x_2)] + x_1[f'(x_1) - f'(x_2)] -$$
$$x_1 x_2 \ln \frac{x_2}{x_1} f''(x_2) + x_2 f'(x_2) - x_1 f'(x_1) +$$
$$(x_2 - x_1)[f'(x_2) + x_2 f''(x_2)]$$

即

$$f(x_2) - f(x_1) = x_1 \ln \frac{x_2}{x_1} [f'(x_1) - f'(x_2)] -$$

$$x_1 x_2 \ln \frac{x_2}{x_1} f''(x_2) - x_1 f'(x_2) +$$

$$x_2 f'(x_2) + (x_2 - x_1) x_2 f''(x_2)$$

上式两边再对 x_1 求导数,得

$$-f'(x_1) = \ln \frac{x_2}{x_1} [f'(x_1) - f'(x_2)] - f'(x_1) +$$

$$f'(x_2) + x_1 \ln \frac{x_2}{x_1} f''(x_1) - x_2 \ln \frac{x_2}{x_1} f''(x_2) +$$

$$x_2 f''(x_2) - f'(x_2) - x_2 f''(x_2)$$

或

$$\ln \frac{x_2}{x_1} [f'(x_1) - f'(x_2)] + x_1 \ln \frac{x_2}{x_1} f''(x_1) -$$

$$x_2 \ln \frac{x_2}{x_1} f''(x_2) = 0$$

由于 $x_1 \neq x_2$, 故

$$f'(x_1) - f'(x_2) + x_1 f''(x_1) - x_2 f''(x_2) = 0$$

上式两边再次对 x_1 求导数,则有

$$f''(x_1) + f''(x_1) + x_1 f'''(x_1) = 0$$

或

$$x_1 f'''(x_1) + 2f''(x_1) = 0$$

由 x_1 的任意性知 $y = f(x)$ 满足方程 $xf'''(x) + 2f''(x) = 0$,解此方程即可得到式(11)

$$f(x) = C_0 \ln x + C_1 x + C_2$$

其中 C_0 , C_1 , C_2 为常数.

问题 7 设 $y = f(x)$ 为三阶可导函数，$P_1(x_1, y_1)$，$P_2(x_2, y_2)(x_1 \neq x_2)$ 是曲线 $y = f(x)$ 上的任意两点，若曲线过 P_1, P_2 的两条切线的斜率分别为 k_1, k_2，弦 $P_1 P_2$ 的斜率为 k，若

$$2k = k_1 + k_2 \qquad (12)$$

则

$$f(x) = ax^2 + bx + c \qquad (13)$$

其中 a, b, c 为常数.

证明如下.

易知 $k_1 = f'(x_1)$，$k_2 = f'(x_2)$，$k = \dfrac{f(x_2) - f(x_1)}{x_2 - x_1}$，

故由式(12)知

$$2\frac{f(x_2) - f(x_1)}{x_2 - x_1} = f'(x_1) + f'(x_2)$$

亦即式(3)

$$2[f(x_2) - f(x_1)] = (x_2 - x_1)[f'(x_1) + f'(x_2)]$$

由前面问题 2 的解知 $y = f(x) = ax^2 + bx + c$，由此可知，问题 7 与问题 2 是等价的.

参 考 文 献

［1］ 李文林.数学史概论［M］.2 版.北京:高等教育
出版社,2002.

［2］ 德里.100 个著名初等数学问题——历史和
解［M］.罗保华,等译.上海:上海科学技术出版
社,1982.

［3］ 刘连璞.平面解析几何方法与研究:第 2 卷［M］.
哈尔滨:哈尔滨工业大学出版社,2015.

［4］ 张广计.一个关于函数单调性命题的推广［J］.
大学数学,2012,28(1):202-206.

［5］ 林源渠,方企勤.数学分析解题指南［M］.北京:
北京大学出版社,2003.

［6］ 单墫.数学名题词典［M］.南京:江苏教育出版
社,2002.

［7］ 邱森.微积分课题精编［M］.北京:高等教育出
版社,2010.

刘培杰数学工作室
已出版(即将出版)图书目录——初等数学

书　名	出版时间	定　价	编号
新编中学数学解题方法全书(高中版)上卷(第2版)	2018－08	58.00	951
新编中学数学解题方法全书(高中版)中卷(第2版)	2018－08	68.00	952
新编中学数学解题方法全书(高中版)下卷(一)(第2版)	2018－08	58.00	953
新编中学数学解题方法全书(高中版)下卷(二)(第2版)	2018－08	58.00	954
新编中学数学解题方法全书(高中版)下卷(三)(第2版)	2018－08	68.00	955
新编中学数学解题方法全书(初中版)上卷	2008－01	28.00	29
新编中学数学解题方法全书(初中版)中卷	2010－07	38.00	75
新编中学数学解题方法全书(高考复习卷)	2010－01	48.00	67
新编中学数学解题方法全书(高考真题卷)	2010－01	38.00	62
新编中学数学解题方法全书(高考精华卷)	2011－03	68.00	118
新编平面解析几何解题方法全书(专题讲座卷)	2010－01	18.00	61
新编中学数学解题方法全书(自主招生卷)	2013－08	88.00	261
数学奥林匹克与数学文化(第一辑)	2006－05	48.00	4
数学奥林匹克与数学文化(第二辑)(竞赛卷)	2008－01	48.00	19
数学奥林匹克与数学文化(第二辑)(文化卷)	2008－07	58.00	36
数学奥林匹克与数学文化(第三辑)(竞赛卷)	2010－01	48.00	59
数学奥林匹克与数学文化(第四辑)(竞赛卷)	2011－08	58.00	87
数学奥林匹克与数学文化(第五辑)	2015－06	98.00	370
世界著名平面几何经典著作钩沉——几何作图专题卷(共3卷)	2022－01	198.00	1460
世界著名平面几何经典著作钩沉(民国平面几何老课本)	2011－03	38.00	113
世界著名平面几何经典著作钩沉(建国初期平面三角老课本)	2015－08	38.00	507
世界著名解析几何经典著作钩沉——平面解析几何卷	2014－01	38.00	264
世界著名数论经典著作钩沉(算术卷)	2012－01	28.00	125
世界著名数学经典著作钩沉——立体几何卷	2011－02	28.00	88
世界著名三角学经典著作钩沉(平面三角卷Ⅰ)	2010－06	28.00	69
世界著名三角学经典著作钩沉(平面三角卷Ⅱ)	2011－01	38.00	78
世界著名初等数论经典著作钩沉(理论和实用算术卷)	2011－07	38.00	126
世界著名几何经典著作钩沉(解析几何卷)	2022－10	68.00	1564
发展你的空间想象力(第3版)	2021－01	98.00	1464
空间想象力进阶	2019－05	68.00	1062
走向国际数学奥林匹克的平面几何试题诠释.第1卷	2019－07	88.00	1043
走向国际数学奥林匹克的平面几何试题诠释.第2卷	2019－09	78.00	1044
走向国际数学奥林匹克的平面几何试题诠释.第3卷	2019－03	78.00	1045
走向国际数学奥林匹克的平面几何试题诠释.第4卷	2019－09	98.00	1046
平面几何证明方法全书	2007－08	35.00	1
平面几何证明方法全书习题解答(第2版)	2006－12	18.00	10
平面几何天天练上卷·基础篇(直线型)	2013－01	58.00	208
平面几何天天练中卷·基础篇(涉及圆)	2013－01	28.00	234
平面几何天天练下卷·提高篇	2013－01	58.00	237
平面几何专题研究	2013－07	98.00	258
平面几何解题之道.第1卷	2022－05	38.00	1494
几何学习题集	2020－10	48.00	1217
通过解题学习代数几何	2021－04	88.00	1301
圆锥曲线的奥秘	2022－06	88.00	1541

刘培杰数学工作室

已出版(即将出版)图书目录——初等数学

书　名	出版时间	定　价	编号
最新世界各国数学奥林匹克中的平面几何试题	2007－09	38.00	14
数学竞赛平面几何典型题及新颖解	2010－07	48.00	74
初等数学复习及研究(平面几何)	2008－09	68.00	38
初等数学复习及研究(立体几何)	2010－06	38.00	71
初等数学复习及研究(平面几何)习题解答	2009－01	58.00	42
几何学教程(平面几何卷)	2011－03	68.00	90
几何学教程(立体几何卷)	2011－07	68.00	130
几何变换与几何证题	2010－06	88.00	70
计算方法与几何证题	2011－06	28.00	129
立体几何技巧与方法(第2版)	2022－10	168.00	1572
几何瑰宝——平面几何500名题暨1500条定理(上、下)	2021－07	168.00	1358
三角形的解法与应用	2012－07	18.00	183
近代的三角形几何学	2012－07	48.00	184
一般折线几何学	2015－08	48.00	503
三角形的五心	2009－06	28.00	51
三角形的六心及其应用	2015－10	68.00	542
三角形趣谈	2012－08	28.00	212
解三角形	2014－01	28.00	265
探秘三角形:一次数学旅行	2021－10	68.00	1387
三角学专门教程	2014－09	28.00	387
图天下几何新题试卷.初中(第2版)	2017－11	58.00	855
圆锥曲线习题集(上册)	2013－06	68.00	255
圆锥曲线习题集(中册)	2015－01	78.00	434
圆锥曲线习题集(下册·第1卷)	2016－10	78.00	683
圆锥曲线习题集(下册·第2卷)	2018－01	98.00	853
圆锥曲线习题集(下册·第3卷)	2019－10	128.00	1113
圆锥曲线的思想方法	2021－08	48.00	1379
圆锥曲线的八个主要问题	2021－10	48.00	1415
论九点圆	2015－05	88.00	645
近代欧氏几何学	2012－03	48.00	162
罗巴切夫斯基几何学及几何基础概要	2012－07	48.00	188
罗巴切夫斯基几何学初步	2015－06	28.00	474
用三角、解析几何、复数、向量计算解数学竞赛几何题	2015－03	48.00	455
用解析法研究圆锥曲线的几何理论	2022－05	48.00	1495
美国中学几何教程	2015－04	88.00	458
三线坐标与三角形特征点	2015－04	98.00	460
坐标几何学基础.第1卷,笛卡儿坐标	2021－08	48.00	1398
坐标几何学基础.第2卷,三线坐标	2021－09	28.00	1399
平面解析几何方法与研究(第1卷)	2015－05	18.00	471
平面解析几何方法与研究(第2卷)	2015－06	18.00	472
平面解析几何方法与研究(第3卷)	2015－07	18.00	473
解析几何研究	2015－01	38.00	425
解析几何学教程.上	2016－01	38.00	574
解析几何学教程.下	2016－01	38.00	575
几何学基础	2016－01	58.00	581
初等几何研究	2015－02	58.00	444
十九和二十世纪欧氏几何学中的片段	2017－01	58.00	696
平面几何中考.高考.奥数一本通	2017－07	28.00	820
几何学简史	2017－08	28.00	833
四面体	2018－01	48.00	880
平面几何证明方法思路	2018－12	68.00	913
折纸中的几何练习	2022－09	48.00	1559
中学新几何学(英文)	2022－10	98.00	1562

刘培杰数学工作室
已出版(即将出版)图书目录——初等数学

书　名	出版时间	定　价	编号
平面几何图形特性新析.上篇	2019—01	68.00	911
平面几何图形特性新析.下篇	2018—06	88.00	912
平面几何范例多解探究.上篇	2018—04	48.00	910
平面几何范例多解探究.下篇	2018—12	68.00	914
从分析解题过程学解题:竞赛中的几何问题研究	2018—07	68.00	946
从分析解题过程学解题:竞赛中的向量几何与不等式研究(全2册)	2019—06	138.00	1090
从分析解题过程学解题:竞赛中的不等式问题	2021—01	48.00	1249
二维、三维欧氏几何的对偶原理	2018—12	38.00	990
星形大观及闭折线论	2019—03	68.00	1020
立体几何的问题和方法	2019—11	58.00	1127
三角代换论	2021—05	58.00	1313
俄罗斯平面几何问题集	2009—08	88.00	55
俄罗斯立体几何问题集	2014—03	58.00	283
俄罗斯几何大师——沙雷金论数学及其他	2014—01	48.00	271
来自俄罗斯的5000道几何习题及解答	2011—03	58.00	89
俄罗斯初等数学问题集	2012—05	38.00	177
俄罗斯函数问题集	2011—03	38.00	103
俄罗斯组合分析问题集	2011—01	48.00	79
俄罗斯初等数学万题选——三角卷	2012—11	38.00	222
俄罗斯初等数学万题选——代数卷	2013—08	68.00	225
俄罗斯初等数学万题选——几何卷	2014—01	68.00	226
俄罗斯《量子》杂志数学征解问题100题选	2018—08	48.00	969
俄罗斯《量子》杂志数学征解问题又100题选	2018—08	48.00	970
俄罗斯《量子》杂志数学征解问题	2020—05	48.00	1138
463个俄罗斯几何老问题	2012—01	28.00	152
《量子》数学短文精粹	2018—09	38.00	972
用三角、解析几何等计算解来自俄罗斯的几何题	2019—11	88.00	1119
基谢廖夫平面几何	2022—01	48.00	1461
数学:代数、数学分析和几何(10—11年级)	2021—01	48.00	1250
立体几何.10—11年级	2022—01	58.00	1472
直观几何学:5—6年级	2022—04	58.00	1508
平面几何:9—11年级	2022—10	48.00	1571
谈谈素数	2011—03	18.00	91
平方和	2011—03	18.00	92
整数论	2011—05	38.00	120
从整数谈起	2015—10	28.00	538
数与多项式	2016—01	38.00	558
谈谈不定方程	2011—05	28.00	119
质数漫谈	2022—07	68.00	1529
解析不等式新论	2009—06	68.00	48
建立不等式的方法	2011—03	98.00	104
数学奥林匹克不等式研究(第2版)	2020—07	68.00	1181
不等式研究(第二辑)	2012—02	68.00	153
不等式的秘密(第一卷)(第2版)	2014—02	38.00	286
不等式的秘密(第二卷)	2014—01	38.00	268
初等不等式的证明方法	2010—06	38.00	123
初等不等式的证明方法(第二版)	2014—11	38.00	407
不等式·理论·方法(基础卷)	2015—07	38.00	496
不等式·理论·方法(经典不等式卷)	2015—07	38.00	497
不等式·理论·方法(特殊类型不等式卷)	2015—07	48.00	498
不等式探究	2016—03	38.00	582
不等式探秘	2017—01	88.00	689
四面体不等式	2017—01	68.00	715
数学奥林匹克中常见重要不等式	2017—09	38.00	845

刘培杰数学工作室
已出版(即将出版)图书目录——初等数学

书 名	出版时间	定价	编号
三正弦不等式	2018—09	98.00	974
函数方程与不等式,解法与稳定性结果	2019—04	68.00	1058
数学不等式.第1卷,对称多项式不等式	2022—05	78.00	1455
数学不等式.第2卷,对称有理不等式与对称无理不等式	2022—05	88.00	1456
数学不等式.第3卷,循环不等式与非循环不等式	2022—05	88.00	1457
数学不等式.第4卷,Jensen不等式的扩展与加细	2022—05	88.00	1458
数学不等式.第5卷,创建不等式与解不等式的其他方法	2022—05	88.00	1459
同余理论	2012—05	38.00	163
[x]与{x}	2015—04	48.00	476
极值与最值.上卷	2015—06	28.00	486
极值与最值.中卷	2015—06	38.00	487
极值与最值.下卷	2015—06	28.00	488
整数的性质	2012—11	38.00	192
完全平方数及其应用	2015—08	78.00	506
多项式理论	2015—10	88.00	541
奇数、偶数、奇偶分析法	2018—01	98.00	876
不定方程及其应用.上	2018—12	58.00	992
不定方程及其应用.中	2019—01	78.00	993
不定方程及其应用.下	2019—02	98.00	994
Nesbitt不等式加强式的研究	2022—06	128.00	1527
最值定理与分析不等式	2023—02	78.00	1567
历届美国中学生数学竞赛试题及解答(第一卷)1950—1954	2014—07	18.00	277
历届美国中学生数学竞赛试题及解答(第二卷)1955—1959	2014—04	18.00	278
历届美国中学生数学竞赛试题及解答(第三卷)1960—1964	2014—06	18.00	279
历届美国中学生数学竞赛试题及解答(第四卷)1965—1969	2014—04	28.00	280
历届美国中学生数学竞赛试题及解答(第五卷)1970—1972	2014—06	18.00	281
历届美国中学生数学竞赛试题及解答(第六卷)1973—1980	2017—07	18.00	768
历届美国中学生数学竞赛试题及解答(第七卷)1981—1986	2015—01	18.00	424
历届美国中学生数学竞赛试题及解答(第八卷)1987—1990	2017—05	18.00	769
历届中国数学奥林匹克试题集(第3版)	2021—10	58.00	1440
历届加拿大数学奥林匹克试题集	2012—08	38.00	215
历届美国数学奥林匹克试题集:1972～2019	2020—04	88.00	1135
历届波兰数学竞赛试题集.第1卷,1949～1963	2015—03	18.00	453
历届波兰数学竞赛试题集.第2卷,1964～1976	2015—03	18.00	454
历届巴尔干数学奥林匹克试题集	2015—05	38.00	466
保加利亚数学奥林匹克	2014—10	38.00	393
圣彼得堡数学奥林匹克试题集	2015—01	38.00	429
匈牙利奥林匹克数学竞赛题解.第1卷	2016—05	28.00	593
匈牙利奥林匹克数学竞赛题解.第2卷	2016—05	28.00	594
历届美国数学邀请赛试题集(第2版)	2017—10	78.00	851
普林斯顿大学数学竞赛	2016—06	38.00	669
亚太地区数学奥林匹克竞赛题	2015—07	18.00	492
日本历届(初级)广中杯数学竞赛试题及解答.第1卷(2000～2007)	2016—05	28.00	641
日本历届(初级)广中杯数学竞赛试题及解答.第2卷(2008～2015)	2016—05	38.00	642
越南数学奥林匹克题选:1962—2009	2021—07	48.00	1370
360个数学竞赛问题	2016—08	58.00	677
奥数最佳实战题.上卷	2017—06	38.00	760
奥数最佳实战题.下卷	2017—05	58.00	761
哈尔滨市早期中学数学竞赛试题汇编	2016—07	28.00	672
全国高中数学联赛试题及解答:1981—2019(第4版)	2020—07	138.00	1176
2022年全国高中数学联合竞赛模拟题集	2022—06	30.00	1521
20世纪50年代全国部分城市数学竞赛试题汇编	2017—07	28.00	797

— 4 —

刘培杰数学工作室
已出版(即将出版)图书目录——初等数学

书 名	出版时间	定 价	编号
国内外数学竞赛题及精解:2018~2019	2020—08	45.00	1192
国内外数学竞赛题及精解:2019~2020	2021—11	58.00	1439
许康华竞赛优学精选集.第一辑	2018—08	68.00	949
天问叶班数学问题征解100题. Ⅰ ,2016—2018	2019—05	88.00	1075
天问叶班数学问题征解100题. Ⅱ ,2017—2019	2020—07	98.00	1177
美国初中数学竞赛:AMC8准备(共6卷)	2019—07	138.00	1089
美国高中数学竞赛:AMC10准备(共6卷)	2019—08	158.00	1105
王连笑教你怎样学数学:高考选择题解题策略与客观题实用训练	2014—01	48.00	262
王连笑教你怎样学数学:高考数学高层次讲座	2015—02	48.00	432
高考数学的理论与实践	2009—08	38.00	53
高考数学核心题型解题方法与技巧	2010—01	28.00	86
高考思维新平台	2014—03	38.00	259
高考数学压轴题解题诀窍(上)(第2版)	2018—01	58.00	874
高考数学压轴题解题诀窍(下)(第2版)	2018—01	48.00	875
北京市五区文科数学三年高考模拟题详解:2013~2015	2015—08	48.00	500
北京市五区理科数学三年高考模拟题详解:2013~2015	2015—09	68.00	505
向量法巧解数学高考题	2009—08	28.00	54
高中数学课堂教学的实践与反思	2021—11	48.00	791
数学高考参考	2016—01	78.00	589
新课程标准高考数学解答题各种题型解法指导	2020—08	78.00	1196
全国及各省市高考数学试题审题要津与解法研究	2015—02	48.00	450
高中数学章节起始课的教学研究与案例设计	2019—05	28.00	1064
新课标高考数学——五年试题分章详解(2007~2011)(上、下)	2011—10	78.00	140,141
全国中考数学压轴题审题要津与解法研究	2013—04	78.00	248
新编全国及各省市中考数学压轴题审题要津与解法研究	2014—05	58.00	342
全国及各省市5年中考数学压轴题审题要津与解法研究(2015版)	2015—04	58.00	462
中考数学专题总复习	2007—04	28.00	6
中考数学较难题常考题型解题方法与技巧	2016—09	48.00	681
中考数学难题常考题型解题方法与技巧	2016—09	48.00	682
中考数学中档题常考题型解题方法与技巧	2017—08	68.00	835
中考数学选填压轴好题妙解365	2017—05	38.00	759
中考数学:三类重点考题的解法例析与习题	2020—04	48.00	1140
中小学数学的历史文化	2019—11	48.00	1124
初中平面几何百题多思创新解	2020—01	58.00	1125
初中数学中考备考	2020—01	58.00	1126
高考数学之九章演义	2019—08	68.00	1044
高考数学之难题谈笑间	2022—06	68.00	1519
化学可以这样学:高中化学知识方法智慧感悟疑难辨析	2019—07	58.00	1103
如何成为学习高手	2019—09	58.00	1107
高考数学:经典真题分类解析	2020—04	78.00	1134
高考数学解答题破解策略	2020—11	58.00	1221
从分析解题过程学解题:高考压轴题与竞赛题之关系探究	2020—08	88.00	1179
教学新思考:单元整体视角下的初中数学教学设计	2021—03	58.00	1278
思维再拓展:2020年经典几何题的多解探究与思考	即将出版		1279
中考数学小压轴汇编初讲	2017—07	48.00	788
中考数学大压轴专题微言	2017—09	48.00	846
怎么解中考平面几何探索题	2019—06	48.00	1093
北京中考数学压轴题解题方法突破(第8版)	2022—11	78.00	1577
助你高考成功的数学解题智慧:知识是智慧的基础	2016—01	58.00	596
助你高考成功的数学解题智慧:错误是智慧的试金石	2016—04	58.00	643
助你高考成功的数学解题智慧:方法是智慧的推手	2016—04	68.00	657
高考数学奇思妙解	2016—04	38.00	610
高考数学解题策略	2016—05	48.00	670
数学解题泄天机(第2版)	2017—10	48.00	850

刘培杰数学工作室
已出版(即将出版)图书目录——初等数学

书　名	出版时间	定　价	编号
高考物理压轴题全解	2017－04	58.00	746
高中物理经典问题25讲	2017－05	28.00	764
高中物理教学讲义	2018－01	48.00	871
高中物理教学讲义:全模块	2022－03	98.00	1492
高中物理答疑解惑65篇	2021－11	48.00	1462
中学物理基础问题解析	2020－08	48.00	1183
2016年高考文科数学真题研究	2017－04	58.00	754
2016年高考理科数学真题研究	2017－04	78.00	755
2017年高考理科数学真题研究	2018－01	58.00	867
2017年高考文科数学真题研究	2018－01	48.00	868
初中数学、高中数学脱节知识补缺教材	2017－06	48.00	766
高考数学小题抢分必练	2017－10	48.00	834
高考数学核心素养解读	2017－09	38.00	839
高考数学客观题解题方法和技巧	2017－10	38.00	847
十年高考数学精品试题审题要津与解法研究	2021－10	98.00	1427
中国历届高考数学试题及解答.1949－1979	2018－01	38.00	877
历届中国高考数学试题及解答.第二卷,1980—1989	2018－10	28.00	975
历届中国高考数学试题及解答.第三卷,1990—1999	2018－10	48.00	976
数学文化与高考研究	2018－03	48.00	882
跟我学解高中数学题	2018－07	58.00	926
中学数学研究的方法及案例	2018－05	58.00	869
高考数学抢分技能	2018－07	68.00	934
高一新生常用数学方法和重要数学思想提升教材	2018－06	38.00	921
2018年高考数学真题研究	2019－01	68.00	1000
2019年高考数学真题研究	2020－05	88.00	1137
高考数学全国卷六道解答题常考题型解题诀窍:理科(全2册)	2019－07	78.00	1101
高考数学全国卷16道选择、填空题常考题型解题诀窍.理科	2018－09	88.00	971
高考数学全国卷16道选择、填空题常考题型解题诀窍.文科	2020－01	88.00	1123
高中数学一题多解	2019－06	58.00	1087
历届中国高考数学试题及解答:1917－1999	2021－08	98.00	1371
2000～2003年全国及各省市高考数学试题及解答	2022－05	88.00	1499
2004年全国及各省市高考数学试题及解答	2022－07	78.00	1500
突破高原:高中数学解题思维探究	2021－08	48.00	1375
高考数学中的"取值范围"	2021－10	48.00	1429
新课程标准高中数学各种题型解法大全.必修一分册	2021－06	58.00	1315
新课程标准高中数学各种题型解法大全.必修二分册	2022－01	68.00	1471
高中数学各种题型解法大全.选择性必修一分册	2022－06	68.00	1525
新编640个世界著名数学智力趣题	2014－01	88.00	242
500个最新世界著名数学智力趣题	2008－06	48.00	3
400个最新世界著名数学最值问题	2008－09	48.00	36
500个世界著名数学征解问题	2009－06	48.00	52
400个中国最佳初等数学征解老问题	2010－01	48.00	60
500个俄罗斯数学经典老题	2011－01	28.00	81
1000个国外中学物理好题	2012－04	48.00	174
300个日本高考数学题	2012－05	38.00	142
700个早期日本高考数学试题	2017－02	88.00	752
500个前苏联早期高考数学试题及解答	2012－05	28.00	185
546个早期俄罗斯大学生数学竞赛题	2014－03	38.00	285
548个来自美苏的数学好问题	2014－11	28.00	396
20所苏联著名大学早期入学试题	2015－02	18.00	452
161道德国工科大学生必做的微分方程习题	2015－05	28.00	469
500个德国工科大学生必做的高数习题	2015－06	28.00	478
360个数学竞赛问题	2016－08	58.00	677
200个趣味数学故事	2018－02	48.00	857
470个数学奥林匹克中的最值问题	2018－10	88.00	985
德国讲义日本考题.微积分卷	2015－04	48.00	456
德国讲义日本考题.微分方程卷	2015－04	38.00	457
二十世纪中叶中、英、美、日、法、俄高考数学试题精选	2017－06	38.00	783

刘培杰数学工作室
已出版(即将出版)图书目录——初等数学

书　　名	出版时间	定　价	编号
中国初等数学研究　2009卷(第1辑)	2009－05	20.00	45
中国初等数学研究　2010卷(第2辑)	2010－05	30.00	68
中国初等数学研究　2011卷(第3辑)	2011－07	60.00	127
中国初等数学研究　2012卷(第4辑)	2012－07	48.00	190
中国初等数学研究　2014卷(第5辑)	2014－02	48.00	288
中国初等数学研究　2015卷(第6辑)	2015－06	68.00	493
中国初等数学研究　2016卷(第7辑)	2016－04	68.00	609
中国初等数学研究　2017卷(第8辑)	2017－01	98.00	712
初等数学研究在中国.第1辑	2019－03	158.00	1024
初等数学研究在中国.第2辑	2019－10	158.00	1116
初等数学研究在中国.第3辑	2021－05	158.00	1306
初等数学研究在中国.第4辑	2022－06	158.00	1520
几何变换(Ⅰ)	2014－07	28.00	353
几何变换(Ⅱ)	2015－06	28.00	354
几何变换(Ⅲ)	2015－01	38.00	355
几何变换(Ⅳ)	2015－12	38.00	356
初等数论难题集(第一卷)	2009－05	68.00	44
初等数论难题集(第二卷)(上、下)	2011－02	128.00	82,83
数论概貌	2011－03	18.00	93
代数数论(第二版)	2013－08	58.00	94
代数多项式	2014－06	38.00	289
初等数论的知识与问题	2011－02	28.00	95
超越数论基础	2011－03	28.00	96
数论初等教程	2011－03	28.00	97
数论基础	2011－03	18.00	98
数论基础与维诺格拉多夫	2014－03	18.00	292
解析数论基础	2012－08	28.00	216
解析数论基础(第二版)	2014－01	48.00	287
解析数论问题集(第二版)(原版引进)	2014－05	88.00	343
解析数论问题集(第二版)(中译本)	2016－04	88.00	607
解析数论基础(潘承洞,潘承彪著)	2016－07	98.00	673
解析数论导引	2016－07	58.00	674
数论入门	2011－03	38.00	99
代数数论入门	2015－03	38.00	448
数论开篇	2012－07	28.00	194
解析数论引论	2011－03	48.00	100
Barban Davenport Halberstam 均值和	2009－01	40.00	33
基础数论	2011－03	28.00	101
初等数论100例	2011－05	18.00	122
初等数论经典例题	2012－07	18.00	204
最新世界各国数学奥林匹克中的初等数论试题(上、下)	2012－01	138.00	144,145
初等数论(Ⅰ)	2012－01	18.00	156
初等数论(Ⅱ)	2012－01	18.00	157
初等数论(Ⅲ)	2012－01	28.00	158

刘培杰数学工作室
已出版(即将出版)图书目录——初等数学

书　　名	出版时间	定　价	编号
平面几何与数论中未解决的新老问题	2013－01	68.00	229
代数数论简史	2014－11	28.00	408
代数数论	2015－09	88.00	532
代数、数论及分析习题集	2016－11	98.00	695
数论导引提要及习题解答	2016－01	48.00	559
素数定理的初等证明.第2版	2016－09	48.00	686
数论中的模函数与狄利克雷级数(第二版)	2017－11	78.00	837
数论:数学导引	2018－01	68.00	849
范氏大代数	2019－02	98.00	1016
解析数学讲义.第一卷,导来式及微分、积分、级数	2019－04	88.00	1021
解析数学讲义.第二卷,关于几何的应用	2019－04	68.00	1022
解析数学讲义.第三卷,解析函数论	2019－04	78.00	1023
分析・组合・数论纵横谈	2019－04	58.00	1039
Hall 代数:民国时期的中学数学课本:英文	2019－08	88.00	1106
基谢廖夫初等代数	2022－07	38.00	1531
数学精神巡礼	2019－01	58.00	731
数学眼光透视(第2版)	2017－06	78.00	732
数学思想领悟(第2版)	2018－01	68.00	733
数学方法溯源(第2版)	2018－08	68.00	734
数学解题引论	2017－05	58.00	735
数学史话览胜(第2版)	2017－01	48.00	736
数学应用展观(第2版)	2017－08	68.00	737
数学建模尝试	2018－04	48.00	738
数学竞赛采风	2018－01	68.00	739
数学测评探营	2019－05	58.00	740
数学技能操握	2018－03	48.00	741
数学欣赏拾趣	2018－02	48.00	742
从毕达哥拉斯到怀尔斯	2007－10	48.00	9
从迪利克雷到维斯卡尔迪	2008－01	48.00	21
从哥德巴赫到陈景润	2008－05	98.00	35
从庞加莱到佩雷尔曼	2011－08	138.00	136
博弈论精粹	2008－03	58.00	30
博弈论精粹.第二版(精装)	2015－01	88.00	461
数学 我爱你	2008－01	28.00	20
精神的圣徒 别样的人生——60位中国数学家成长的历程	2008－09	48.00	39
数学史概论	2009－06	78.00	50
数学史概论(精装)	2013－03	158.00	272
数学史选讲	2016－01	48.00	544
斐波那契数列	2010－02	28.00	65
数学拼盘和斐波那契魔方	2010－07	38.00	72
斐波那契数列欣赏(第2版)	2018－08	58.00	948
Fibonacci 数列中的明珠	2018－06	58.00	928
数学的创造	2011－02	48.00	85
数学美与创造力	2016－01	48.00	595
数海拾贝	2016－01	48.00	590
数学中的美(第2版)	2019－04	68.00	1057
数论中的美学	2014－12	38.00	351

刘培杰数学工作室

已出版(即将出版)图书目录——初等数学

书 名	出版时间	定 价	编号
数学王者　科学巨人——高斯	2015—01	28.00	428
振兴祖国数学的圆梦之旅:中国初等数学研究史话	2015—06	98.00	490
二十世纪中国数学史料研究	2015—10	48.00	536
数字谜、数阵图与棋盘覆盖	2016—01	58.00	298
时间的形状	2016—01	38.00	556
数学发现的艺术:数学探索中的合情推理	2016—07	58.00	671
活跃在数学中的参数	2016—07	48.00	675
数海趣史	2021—05	98.00	1314
数学解题——靠数学思想给力(上)	2011—07	38.00	131
数学解题——靠数学思想给力(中)	2011—07	48.00	132
数学解题——靠数学思想给力(下)	2011—07	38.00	133
我怎样解题	2013—01	48.00	227
数学解题中的物理方法	2011—06	28.00	114
数学解题的特殊方法	2011—06	48.00	115
中学数学计算技巧(第2版)	2020—10	48.00	1220
中学数学证明方法	2012—01	58.00	117
数学趣题巧解	2012—03	28.00	128
高中数学教学通鉴	2015—05	58.00	479
和高中生漫谈:数学与哲学的故事	2014—08	28.00	369
算术问题集	2017—03	38.00	789
张教授讲数学	2018—07	38.00	933
陈永明实话实说数学教学	2020—04	68.00	1132
中学数学学科知识与教学能力	2020—06	58.00	1155
怎样把课讲好:大罕数学教学随笔	2022—03	58.00	1484
中国高考评价体系下高考数学探秘	2022—03	48.00	1487
自主招生考试中的参数方程问题	2015—01	28.00	435
自主招生考试中的极坐标问题	2015—04	28.00	463
近年全国重点大学自主招生数学试题全解及研究.华约卷	2015—02	38.00	441
近年全国重点大学自主招生数学试题全解及研究.北约卷	2016—05	38.00	619
自主招生数学解证宝典	2015—09	48.00	535
中国科学技术大学创新班数学真题解析	2022—03	48.00	1488
中国科学技术大学创新班物理真题解析	2022—03	58.00	1489
格点和面积	2012—07	18.00	191
射影几何趣谈	2012—04	28.00	175
斯潘纳尔引理——从一道加拿大数学奥林匹克试题谈起	2014—01	28.00	228
李普希兹条件——从几道近年高考数学试题谈起	2012—10	18.00	221
拉格朗日中值定理——从一道北京高考试题的解法谈起	2015—10	18.00	197
闵科夫斯基定理——从一道清华大学自主招生试题谈起	2014—01	28.00	198
哈尔测度——从一道冬令营试题的背景谈起	2012—08	28.00	202
切比雪夫逼近问题——从一道中国台北数学奥林匹克试题谈起	2013—04	38.00	238
伯恩斯坦多项式与贝齐尔曲面——从一道全国高中数学联赛试题谈起	2013—03	38.00	236
卡塔兰猜想——从一道普特南竞赛试题谈起	2013—06	18.00	256
麦卡锡函数和阿克曼函数——从一道前南斯拉夫数学奥林匹克试题谈起	2012—08	18.00	201
贝蒂定理与拉姆贝克莫斯尔定理——从一个拣石子游戏谈起	2012—08	18.00	217
皮亚诺曲线和豪斯道夫分球定理——从无限集谈起	2012—08	18.00	211
平面凸图形与凸多面体	2012—10	28.00	218
斯坦因豪斯问题——从一道二十五省市自治区中学数学竞赛试题谈起	2012—07	18.00	196

刘培杰数学工作室
已出版(即将出版)图书目录——初等数学

书　　名	出版时间	定　价	编号
纽结理论中的亚历山大多项式与琼斯多项式——从一道北京市高一数学竞赛试题谈起	2012－07	28.00	195
原则与策略——从波利亚"解题表"谈起	2013－04	38.00	244
转化与化归——从三大尺规作图不能问题谈起	2012－08	28.00	214
代数几何中的贝祖定理(第一版)——从一道IMO试题的解法谈起	2013－08	18.00	193
成功连贯理论与约当块理论——从一道比利时数学竞赛试题谈起	2012－04	18.00	180
素数判定与大数分解	2014－08	18.00	199
置换多项式及其应用	2012－10	18.00	220
椭圆函数与模函数——从一道美国加州大学洛杉矶分校(UCLA)博士资格考题谈起	2012－10	28.00	219
差分方程的拉格朗日方法——从一道2011年全国高考理科试题的解法谈起	2012－08	28.00	200
力学在几何中的一些应用	2013－01	38.00	240
从根式解到伽罗华理论	2020－01	48.00	1121
康托洛维奇不等式——从一道全国高中联赛试题谈起	2013－03	28.00	337
西格尔引理——从一道第18届IMO试题的解法谈起	即将出版		
罗斯定理——从一道前苏联数学竞赛试题谈起	即将出版		
拉克斯定理和阿廷定理——从一道IMO试题的解法谈起	2014－01	58.00	246
毕卡大定理——从一道美国大学数学竞赛试题谈起	2014－07	18.00	350
贝齐尔曲线——从一道全国高中联赛试题谈起	即将出版		
拉格朗日乘子定理——从一道2005年全国高中联赛试题的高等数学解法谈起	2015－05	28.00	480
雅可比定理——从一道日本数学奥林匹克试题谈起	2013－04	48.00	249
李天岩－约克定理——从一道波兰数学竞赛试题谈起	2014－06	28.00	349
整系数多项式因式分解的一般方法——从克朗耐克算法谈起	即将出版		
布劳维不动点定理——从一道前苏联数学奥林匹克试题谈起	2014－01	38.00	273
伯恩赛德定理——从一道英国数学奥林匹克试题谈起	即将出版		
布查特－莫斯特定理——从一道上海市初中竞赛试题谈起	即将出版		
数论中的同余数问题——从一道普林南竞赛试题谈起	即将出版		
范·德蒙行列式——从一道美国数学奥林匹克试题谈起	即将出版		
中国剩余定理:总数法构建中国历史年表	2015－01	28.00	430
牛顿程序与方程求根——从一道全国高考试题解法谈起	即将出版		
库默尔定理——从一道IMO预选试题谈起	即将出版		
卢丁定理——从一道冬令营试题的解法谈起	即将出版		
沃斯滕霍姆定理——从一道IMO预选试题谈起	即将出版		
卡尔松不等式——从一道莫斯科数学奥林匹克试题谈起	即将出版		
信息论中的香农熵——从一道近年高考压轴题谈起	即将出版		
约当不等式——从一道希望杯竞赛试题谈起	即将出版		
拉比诺维奇定理	即将出版		
刘维尔定理——从一道《美国数学月刊》征解问题的解法谈起	即将出版		
卡塔兰恒等式与级数求和——从一道IMO试题的解法谈起	即将出版		
勒让德猜想与素数分布——从一道爱尔兰竞赛试题谈起	即将出版		
天平称重与信息论——从一道基辅市数学奥林匹克试题谈起	即将出版		
哈密尔顿－凯莱定理:从一道高中数学联赛试题的解法谈起	2014－09	18.00	376
艾思特曼定理——从一道CMO试题的解法谈起	即将出版		

书　名	出版时间	定　价	编号
阿贝尔恒等式与经典不等式及应用	2018－06	98.00	923
迪利克雷除数问题	2018－07	48.00	930
幻方、幻立方与拉丁方	2019－08	48.00	1092
帕斯卡三角形	2014－03	18.00	294
蒲丰投针问题——从2009年清华大学的一道自主招生试题谈起	2014－01	38.00	295
斯图姆定理——从一道"华约"自主招生试题的解法谈起	2014－01	18.00	296
许瓦兹引理——从一道加利福尼亚大学伯克利分校数学系博士生试题谈起	2014－08	18.00	297
拉姆塞定理——从王诗宬院士的一个问题谈起	2016－04	48.00	299
坐标法	2013－12	28.00	332
数论三角形	2014－04	38.00	341
毕克定理	2014－07	18.00	352
数林掠影	2014－09	48.00	389
我们周围的概率	2014－10	38.00	390
凸函数最值定理:从一道华约自主招生题的解法谈起	2014－10	28.00	391
易学与数学奥林匹克	2014－10	38.00	392
生物数学趣谈	2015－01	18.00	409
反演	2015－01	28.00	420
因式分解与圆锥曲线	2015－01	18.00	426
轨迹	2015－01	28.00	427
面积原理:从常庚哲命的一道CMO试题的积分解法谈起	2015－01	48.00	431
形形色色的不动点定理:从一道28届IMO试题谈起	2015－01	38.00	439
柯西函数方程:从一道上海交大自主招生的试题谈起	2015－02	28.00	440
三角恒等式	2015－02	28.00	442
无理性判定:从一道2014年"北约"自主招生试题谈起	2015－01	38.00	443
数学归纳法	2015－03	18.00	451
极端原理与解题	2015－04	28.00	464
法雷级数	2014－08	18.00	367
摆线族	2015－01	38.00	438
函数方程及其解法	2015－05	38.00	470
含参数的方程和不等式	2012－09	28.00	213
希尔伯特第十问题	2016－01	38.00	543
无穷小量的求和	2016－01	28.00	545
切比雪夫多项式:从一道清华大学金秋营试题谈起	2016－01	38.00	583
泽肯多夫定理	2016－03	38.00	599
代数等式证题法	2016－01	28.00	600
三角等式证题法	2016－01	28.00	601
吴大任教授藏书中的一个因式分解公式:从一道美国数学邀请赛试题的解法谈起	2016－06	28.00	656
易卦——类万物的数学模型	2017－08	68.00	838
"不可思议"的数与数系可持续发展	2018－01	38.00	878
最短线	2018　01	38.00	879
数学在天文、地理、光学、机械力学中的一些应用	2023－03	88.00	1576
幻方和魔方(第一卷)	2012－05	68.00	173
尘封的经典——初等数学经典文献选读(第一卷)	2012－07	48.00	205
尘封的经典——初等数学经典文献选读(第二卷)	2012－07	38.00	206
初级方程式论	2011－03	28.00	106
初等数学研究(Ⅰ)	2008－09	68.00	37
初等数学研究(Ⅱ)(上、下)	2009－05	118.00	46,47
初等数学专题研究	2022－10	68.00	1568

刘培杰数学工作室
已出版(即将出版)图书目录——初等数学

书　名	出版时间	定　价	编号
趣味初等方程妙题集锦	2014—09	48.00	388
趣味初等数论选美与欣赏	2015—02	48.00	445
耕读笔记(上卷):一位农民数学爱好者的初数探索	2015—04	28.00	459
耕读笔记(中卷):一位农民数学爱好者的初数探索	2015—05	28.00	483
耕读笔记(下卷):一位农民数学爱好者的初数探索	2015—05	28.00	484
几何不等式研究与欣赏.上卷	2016—01	88.00	547
几何不等式研究与欣赏.下卷	2016—01	48.00	552
初等数列研究与欣赏·上	2016—01	48.00	570
初等数列研究与欣赏·下	2016—01	48.00	571
趣味初等函数研究与欣赏.上	2016—09	48.00	684
趣味初等函数研究与欣赏.下	2018—09	48.00	685
三角不等式研究与欣赏	2020—10	68.00	1197
新编平面解析几何解题方法研究与欣赏	2021—10	78.00	1426
火柴游戏(第2版)	2022—05	38.00	1493
智力解谜.第1卷	2017—07	38.00	613
智力解谜.第2卷	2017—07	38.00	614
故事智力	2016—07	48.00	615
名人们喜欢的智力问题	2020—01	48.00	616
数学大师的发现、创造与失误	2018—01	48.00	617
异曲同工	2018—09	48.00	618
数学的味道	2018—01	58.00	798
数学千字文	2018—10	68.00	977
数贝偶拾——高考数学题研究	2014—04	28.00	274
数贝偶拾——初等数学研究	2014—04	38.00	275
数贝偶拾——奥数题研究	2014—04	48.00	276
钱昌本教你快乐学数学(上)	2011—12	48.00	155
钱昌本教你快乐学数学(下)	2012—03	58.00	171
集合、函数与方程	2014—01	28.00	300
数列与不等式	2014—01	38.00	301
三角与平面向量	2014—01	28.00	302
平面解析几何	2014—01	38.00	303
立体几何与组合	2014—01	28.00	304
极限与导数、数学归纳法	2014—01	38.00	305
趣味数学	2014—03	28.00	306
教材教法	2014—04	68.00	307
自主招生	2014—05	58.00	308
高考压轴题(上)	2015—01	48.00	309
高考压轴题(下)	2014—10	68.00	310
从费马到怀尔斯——费马大定理的历史	2013—10	198.00	I
从庞加莱到佩雷尔曼——庞加莱猜想的历史	2013—10	298.00	II
从切比雪夫到爱尔特希(上)——素数定理的初等证明	2013—07	48.00	III
从切比雪夫到爱尔特希(下)——素数定理100年	2012—12	98.00	III
从高斯到盖尔方特——二次域的高斯猜想	2013—10	198.00	IV
从库默尔到朗兰兹——朗兰兹猜想的历史	2014—01	98.00	V
从比勃巴赫到德布朗斯——比勃巴赫猜想的历史	2014—02	298.00	VI
从麦比乌斯到陈省身——麦比乌斯变换与麦比乌斯带	2014—02	298.00	VII
从布尔到豪斯道夫——布尔方程与格论漫谈	2013—10	198.00	VIII
从开普勒到阿诺德——三体问题的历史	2014—05	298.00	IX
从华林到华罗庚——华林问题的历史	2013—10	298.00	X

刘培杰数学工作室
已出版(即将出版)图书目录——初等数学

书　名	出版时间	定　价	编号
美国高中数学竞赛五十讲.第1卷(英文)	2014－08	28.00	357
美国高中数学竞赛五十讲.第2卷(英文)	2014－08	28.00	358
美国高中数学竞赛五十讲.第3卷(英文)	2014－09	28.00	359
美国高中数学竞赛五十讲.第4卷(英文)	2014－09	28.00	360
美国高中数学竞赛五十讲.第5卷(英文)	2014－10	28.00	361
美国高中数学竞赛五十讲.第6卷(英文)	2014－11	28.00	362
美国高中数学竞赛五十讲.第7卷(英文)	2014－12	28.00	363
美国高中数学竞赛五十讲.第8卷(英文)	2015－01	28.00	364
美国高中数学竞赛五十讲.第9卷(英文)	2015－01	28.00	365
美国高中数学竞赛五十讲.第10卷(英文)	2015－02	38.00	366
三角函数(第2版)	2017－04	38.00	626
不等式	2014－01	38.00	312
数列	2014－01	38.00	313
方程(第2版)	2017－04	38.00	624
排列和组合	2014－01	28.00	315
极限与导数(第2版)	2016－04	38.00	635
向量(第2版)	2018－08	58.00	627
复数及其应用	2014－08	28.00	318
函数	2014－01	38.00	319
集合	2020－01	48.00	320
直线与平面	2014－01	28.00	321
立体几何(第2版)	2016－04	38.00	629
解三角形	即将出版		323
直线与圆(第2版)	2016－11	38.00	631
圆锥曲线(第2版)	2016－09	48.00	632
解题通法(一)	2014－07	38.00	326
解题通法(二)	2014－07	38.00	327
解题通法(三)	2014－05	38.00	328
概率与统计	2014－01	28.00	329
信息迁移与算法	即将出版		330
IMO 50年.第1卷(1959－1963)	2014－11	28.00	377
IMO 50年.第2卷(1964－1968)	2014－11	28.00	378
IMO 50年.第3卷(1969－1973)	2014－09	28.00	379
IMO 50年.第4卷(1974－1978)	2016－04	38.00	380
IMO 50年.第5卷(1979－1984)	2015－04	38.00	381
IMO 50年.第6卷(1985－1989)	2015－04	58.00	382
IMO 50年.第7卷(1990－1994)	2016－01	48.00	383
IMO 50年.第8卷(1995－1999)	2016－06	38.00	384
IMO 50年.第9卷(2000－2004)	2015－04	58.00	385
IMO 50年.第10卷(2005－2009)	2016－01	48.00	386
IMO 50年.第11卷(2010－2015)	2017－03	48.00	646

刘培杰数学工作室
已出版(即将出版)图书目录——初等数学

书　名	出版时间	定　价	编号
数学反思(2006—2007)	2020－09	88.00	915
数学反思(2008—2009)	2019－01	68.00	917
数学反思(2010—2011)	2018－05	58.00	916
数学反思(2012—2013)	2019－01	58.00	918
数学反思(2014—2015)	2019－03	78.00	919
数学反思(2016—2017)	2021－03	58.00	1286
历届美国大学生数学竞赛试题集.第一卷(1938—1949)	2015－01	28.00	397
历届美国大学生数学竞赛试题集.第二卷(1950—1959)	2015－01	28.00	398
历届美国大学生数学竞赛试题集.第三卷(1960—1969)	2015－01	28.00	399
历届美国大学生数学竞赛试题集.第四卷(1970—1979)	2015－01	18.00	400
历届美国大学生数学竞赛试题集.第五卷(1980—1989)	2015－01	28.00	401
历届美国大学生数学竞赛试题集.第六卷(1990—1999)	2015－01	28.00	402
历届美国大学生数学竞赛试题集.第七卷(2000—2009)	2015－08	18.00	403
历届美国大学生数学竞赛试题集.第八卷(2010—2012)	2015－01	18.00	404
新课标高考数学创新题解题诀窍:总论	2014－09	28.00	372
新课标高考数学创新题解题诀窍:必修1～5分册	2014－08	38.00	373
新课标高考数学创新题解题诀窍:选修2－1,2－2,1－1,1－2分册	2014－09	38.00	374
新课标高考数学创新题解题诀窍:选修2－3,4－4,4－5分册	2014－09	18.00	375
全国重点大学自主招生英文数学试题全攻略:词汇卷	2015－07	48.00	410
全国重点大学自主招生英文数学试题全攻略:概念卷	2015－01	28.00	411
全国重点大学自主招生英文数学试题全攻略:文章选读卷(上)	2016－09	38.00	412
全国重点大学自主招生英文数学试题全攻略:文章选读卷(下)	2017－01	58.00	413
全国重点大学自主招生英文数学试题全攻略:试题卷	2015－07	38.00	414
全国重点大学自主招生英文数学试题全攻略:名著欣赏卷	2017－03	48.00	415
劳埃德数学趣题大全.题目卷.1:英文	2016－01	18.00	516
劳埃德数学趣题大全.题目卷.2:英文	2016－01	18.00	517
劳埃德数学趣题大全.题目卷.3:英文	2016－01	18.00	518
劳埃德数学趣题大全.题目卷.4:英文	2016－01	18.00	519
劳埃德数学趣题大全.题目卷.5:英文	2016－01	18.00	520
劳埃德数学趣题大全.答案卷:英文	2016－01	18.00	521
李成章教练奥数笔记.第1卷	2016－01	48.00	522
李成章教练奥数笔记.第2卷	2016－01	48.00	523
李成章教练奥数笔记.第3卷	2016－01	38.00	524
李成章教练奥数笔记.第4卷	2016－01	38.00	525
李成章教练奥数笔记.第5卷	2016－01	38.00	526
李成章教练奥数笔记.第6卷	2016－01	38.00	527
李成章教练奥数笔记.第7卷	2016－01	38.00	528
李成章教练奥数笔记.第8卷	2016－01	48.00	529
李成章教练奥数笔记.第9卷	2016－01	28.00	530

刘培杰数学工作室
已出版(即将出版)图书目录——初等数学

书　名	出版时间	定　价	编号
第19～23届"希望杯"全国数学邀请赛试题审题要津详细评注(初一版)	2014—03	28.00	333
第19～23届"希望杯"全国数学邀请赛试题审题要津详细评注(初二、初三版)	2014—03	38.00	334
第19～23届"希望杯"全国数学邀请赛试题审题要津详细评注(高一版)	2014—03	28.00	335
第19～23届"希望杯"全国数学邀请赛试题审题要津详细评注(高二版)	2014—03	38.00	336
第19～25届"希望杯"全国数学邀请赛试题审题要津详细评注(初一版)	2015—01	38.00	416
第19～25届"希望杯"全国数学邀请赛试题审题要津详细评注(初二、初三版)	2015—01	58.00	417
第19～25届"希望杯"全国数学邀请赛试题审题要津详细评注(高一版)	2015—01	48.00	418
第19～25届"希望杯"全国数学邀请赛试题审题要津详细评注(高二版)	2015—01	48.00	419
物理奥林匹克竞赛大题典——力学卷	2014—11	48.00	405
物理奥林匹克竞赛大题典——热学卷	2014—04	28.00	339
物理奥林匹克竞赛大题典——电磁学卷	2015—07	48.00	406
物理奥林匹克竞赛大题典——光学与近代物理卷	2014—06	28.00	345
历届中国东南地区数学奥林匹克试题集(2004～2012)	2014—06	18.00	346
历届中国西部地区数学奥林匹克试题集(2001～2012)	2014—07	18.00	347
历届中国女子数学奥林匹克试题集(2002～2012)	2014—08	18.00	348
数学奥林匹克在中国	2014—06	98.00	344
数学奥林匹克问题集	2014—01	38.00	267
数学奥林匹克不等式散论	2010—06	38.00	124
数学奥林匹克不等式欣赏	2011—09	38.00	138
数学奥林匹克超级题库(初中卷上)	2010—01	58.00	66
数学奥林匹克不等式证明方法和技巧(上、下)	2011—08	158.00	134,135
他们学什么:原民主德国中学数学课本	2016—09	38.00	658
他们学什么:英国中学数学课本	2016—09	38.00	659
他们学什么:法国中学数学课本.1	2016—09	38.00	660
他们学什么:法国中学数学课本.2	2016—09	28.00	661
他们学什么:法国中学数学课本.3	2016—09	38.00	662
他们学什么:苏联中学数学课本	2016—09	28.00	679
高中数学题典——集合与简易逻辑·函数	2016—07	48.00	647
高中数学题典——导数	2016—07	48.00	648
高中数学题典——三角函数·平面向量	2016—07	48.00	649
高中数学题典——数列	2016—07	58.00	650
高中数学题典——不等式·推理与证明	2016—07	38.00	651
高中数学题典——立体几何	2016—07	48.00	652
高中数学题典——平面解析几何	2016—07	78.00	653
高中数学题典——计数原理·统计·概率·复数	2016—07	48.00	654
高中数学题典——算法·平面几何·初等数论·组合数学·其他	2016—07	68.00	655

刘培杰数学工作室
已出版（即将出版）图书目录——初等数学

书　　名	出版时间	定　价	编号
台湾地区奥林匹克数学竞赛试题.小学一年级	2017—03	38.00	722
台湾地区奥林匹克数学竞赛试题.小学二年级	2017—03	38.00	723
台湾地区奥林匹克数学竞赛试题.小学三年级	2017—03	38.00	724
台湾地区奥林匹克数学竞赛试题.小学四年级	2017—03	38.00	725
台湾地区奥林匹克数学竞赛试题.小学五年级	2017—03	38.00	726
台湾地区奥林匹克数学竞赛试题.小学六年级	2017—03	38.00	727
台湾地区奥林匹克数学竞赛试题.初中一年级	2017—03	38.00	728
台湾地区奥林匹克数学竞赛试题.初中二年级	2017—03	38.00	729
台湾地区奥林匹克数学竞赛试题.初中三年级	2017—03	28.00	730
不等式证题法	2017—04	28.00	747
平面几何培优教程	2019—08	88.00	748
奥数鼎级培优教程.高一分册	2018—09	88.00	749
奥数鼎级培优教程.高二分册.上	2018—04	68.00	750
奥数鼎级培优教程.高二分册.下	2018—04	68.00	751
高中数学竞赛冲刺宝典	2019—04	68.00	883
初中尖子生数学超级题典.实数	2017—07	58.00	792
初中尖子生数学超级题典.式、方程与不等式	2017—08	58.00	793
初中尖子生数学超级题典.圆、面积	2017—08	38.00	794
初中尖子生数学超级题典.函数、逻辑推理	2017—08	48.00	795
初中尖子生数学超级题典.角、线段、三角形与多边形	2017—07	58.00	796
数学王子——高斯	2018—01	48.00	858
坎坷奇星——阿贝尔	2018—01	48.00	859
闪烁奇星——伽罗瓦	2018—01	58.00	860
无穷统帅——康托尔	2018—01	48.00	861
科学公主——柯瓦列夫斯卡娅	2018—01	48.00	862
抽象代数之母——埃米·诺特	2018—01	48.00	863
电脑先驱——图灵	2018—01	58.00	864
昔日神童——维纳	2018—01	48.00	865
数坛怪侠——爱尔特希	2018—01	68.00	866
传奇数学家徐利治	2019—09	88.00	1110
当代世界中的数学.数学思想与数学基础	2019—01	38.00	892
当代世界中的数学.数学问题	2019—01	38.00	893
当代世界中的数学.应用数学与数学应用	2019—01	38.00	894
当代世界中的数学.数学王国的新疆域（一）	2019—01	38.00	895
当代世界中的数学.数学王国的新疆域（二）	2019—01	38.00	896
当代世界中的数学.数林撷英（一）	2019—01	38.00	897
当代世界中的数学.数林撷英（二）	2019—01	48.00	898
当代世界中的数学.数学之路	2019—01	38.00	899

刘培杰数学工作室
已出版(即将出版)图书目录——初等数学

书 名	出版时间	定 价	编号
105 个代数问题:来自 AwesomeMath 夏季课程	2019—02	58.00	956
106 个几何问题:来自 AwesomeMath 夏季课程	2020—07	58.00	957
107 个几何问题:来自 AwesomeMath 全年课程	2020—07	58.00	958
108 个几何问题:来自 AwesomeMath 全年课程	2019—01	68.00	959
109 个不等式:来自 AwesomeMath 夏季课程	2019—04	58.00	960
国际数学奥林匹克中的 110 个几何问题	即将出版		961
111 个代数和数论问题	2019—05	58.00	962
112 个组合问题:来自 AwesomeMath 夏季课程	2019—05	58.00	963
113 个几何不等式:来自 AwesomeMath 夏季课程	2020—08	58.00	964
114 个指数和对数问题:来自 AwesomeMath 夏季课程	2019—09	48.00	965
115 个三角问题:来自 AwesomeMath 夏季课程	2019—09	58.00	966
116 个代数不等式:来自 AwesomeMath 全年课程	2019—04	58.00	967
117 个多项式问题:来自 AwesomeMath 夏季课程	2021—09	58.00	1409
118 个数学竞赛不等式	2022—08	78.00	1526
紫色彗星国际数学竞赛试题	2019—02	58.00	999
数学竞赛中的数学:为数学爱好者、父母、教师和教练准备的丰富资源.第一部	2020—04	58.00	1141
数学竞赛中的数学:为数学爱好者、父母、教师和教练准备的丰富资源.第二部	2020—07	48.00	1142
和与积	2020—10	38.00	1219
数论:概念和问题	2020—12	68.00	1257
初等数学问题研究	2021—03	48.00	1270
数学奥林匹克中的欧几里得几何	2021—10	68.00	1413
数学奥林匹克题解新编	2022—01	58.00	1430
图论入门	2022—09	58.00	1554
澳大利亚中学数学竞赛试题及解答(初级卷)1978～1984	2019—02	28.00	1002
澳大利亚中学数学竞赛试题及解答(初级卷)1985～1991	2019—02	28.00	1003
澳大利亚中学数学竞赛试题及解答(初级卷)1992～1998	2019—02	28.00	1004
澳大利亚中学数学竞赛试题及解答(初级卷)1999～2005	2019—02	28.00	1005
澳大利亚中学数学竞赛试题及解答(中级卷)1978～1984	2019—03	28.00	1006
澳大利亚中学数学竞赛试题及解答(中级卷)1985～1991	2019—03	28.00	1007
澳大利亚中学数学竞赛试题及解答(中级卷)1992～1998	2019—03	28.00	1008
澳大利亚中学数学竞赛试题及解答(中级卷)1999～2005	2019—03	28.00	1009
澳大利亚中学数学竞赛试题及解答(高级卷)1978～1984	2019—05	28.00	1010
澳大利亚中学数学竞赛试题及解答(高级卷)1985～1991	2019—05	28.00	1011
澳大利亚中学数学竞赛试题及解答(高级卷)1992～1998	2019—05	28.00	1012
澳大利亚中学数学竞赛试题及解答(高级卷)1999～2005	2019—05	28.00	1013
天才中小学生智力测验题.第一卷	2019—03	38.00	1026
天才中小学生智力测验题.第二卷	2019—03	38.00	1027
天才中小学生智力测验题.第三卷	2019—03	38.00	1028
天才中小学生智力测验题.第四卷	2019—03	38.00	1029
天才中小学生智力测验题.第五卷	2019—03	38.00	1030
天才中小学生智力测验题.第六卷	2019—03	38.00	1031
天才中小学生智力测验题.第七卷	2019—03	38.00	1032
天才中小学生智力测验题.第八卷	2019—03	38.00	1033
天才中小学生智力测验题.第九卷	2019—03	38.00	1034
天才中小学生智力测验题.第十卷	2019—03	38.00	1035
天才中小学生智力测验题.第十一卷	2019—03	38.00	1036
天才中小学生智力测验题.第十二卷	2019—03	38.00	1037
天才中小学生智力测验题.第十三卷	2019—03	38.00	1038

刘培杰数学工作室
已出版(即将出版)图书目录——初等数学

书　　名	出版时间	定　价	编号
重点大学自主招生数学备考全书:函数	2020—05	48.00	1047
重点大学自主招生数学备考全书:导数	2020—08	48.00	1048
重点大学自主招生数学备考全书:数列与不等式	2019—10	78.00	1049
重点大学自主招生数学备考全书:三角函数与平面向量	2020—08	68.00	1050
重点大学自主招生数学备考全书:平面解析几何	2020—07	58.00	1051
重点大学自主招生数学备考全书:立体几何与平面几何	2019—08	48.00	1052
重点大学自主招生数学备考全书:排列组合·概率统计·复数	2019—09	48.00	1053
重点大学自主招生数学备考全书:初等数论与组合数学	2019—08	48.00	1054
重点大学自主招生数学备考全书:重点大学自主招生真题.上	2019—04	68.00	1055
重点大学自主招生数学备考全书:重点大学自主招生真题.下	2019—04	58.00	1056
高中数学竞赛培训教程:平面几何问题的求解方法与策略.上	2018—05	68.00	906
高中数学竞赛培训教程:平面几何问题的求解方法与策略.下	2018—06	78.00	907
高中数学竞赛培训教程:整除与同余以及不定方程	2018—01	88.00	908
高中数学竞赛培训教程:组合计数与组合极值	2018—04	48.00	909
高中数学竞赛培训教程:初等代数	2019—04	78.00	1042
高中数学讲座:数学竞赛基础教程(第一册)	2019—06	48.00	1094
高中数学讲座:数学竞赛基础教程(第二册)	即将出版		1095
高中数学讲座:数学竞赛基础教程(第三册)	即将出版		1096
高中数学讲座:数学竞赛基础教程(第四册)	即将出版		1097
新编中学数学解题方法 1000 招丛书.实数(初中版)	2022—05	58.00	1291
新编中学数学解题方法 1000 招丛书.式(初中版)	2022—05	48.00	1292
新编中学数学解题方法 1000 招丛书.方程与不等式(初中版)	2021—04	58.00	1293
新编中学数学解题方法 1000 招丛书.函数(初中版)	2022—05	38.00	1294
新编中学数学解题方法 1000 招丛书.角(初中版)	2022—05	48.00	1295
新编中学数学解题方法 1000 招丛书.线段(初中版)	2022—05	48.00	1296
新编中学数学解题方法 1000 招丛书.三角形与多边形(初中版)	2021—04	48.00	1297
新编中学数学解题方法 1000 招丛书.圆(初中版)	2022—05	48.00	1298
新编中学数学解题方法 1000 招丛书.面积(初中版)	2021—07	28.00	1299
新编中学数学解题方法 1000 招丛书.逻辑推理(初中版)	2022—06	48.00	1300
高中数学题典精编.第一辑.函数	2022—01	58.00	1444
高中数学题典精编.第一辑.导数	2022—01	68.00	1445
高中数学题典精编.第一辑.三角函数·平面向量	2022—01	68.00	1446
高中数学题典精编.第一辑.数列	2022—01	58.00	1447
高中数学题典精编.第一辑.不等式·推理与证明	2022—01	58.00	1448
高中数学题典精编.第一辑.立体几何	2022—01	58.00	1449
高中数学题典精编.第一辑.平面解析几何	2022—01	68.00	1450
高中数学题典精编.第一辑.统计·概率·平面几何	2022—01	58.00	1451
高中数学题典精编.第一辑.初等数论·组合数学·数学文化·解题方法	2022—01	58.00	1452
历届全国初中数学竞赛试题分类解析.初等代数	2022—09	98.00	1555
历届全国初中数学竞赛试题分类解析.初等数论	2022—09	48.00	1556
历届全国初中数学竞赛试题分类解析.平面几何	2022—09	38.00	1557
历届全国初中数学竞赛试题分类解析.组合	2022—09	38.00	1558

联系地址:哈尔滨市南岗区复华四道街 10 号　哈尔滨工业大学出版社刘培杰数学工作室
网　　址:http://lpj.hit.edu.cn/
邮　　编:150006
联系电话:0451—86281378　　13904613167
E-mail:lpj1378@163.com